2015年度版

クラウドサービス 100 選

最新のビジネスに役立つ情報を厳選

ブレインワークス編著

中小企業こそクラウドを武器にせよ！——窪田光祐

■ クラウド化とは？

「クラウド」という言葉が使われ始めて久しいが、それ以前にもASP（Application Service Provider）やSaaS（Software as a Service）と呼ばれるものはあった。いわばインターネットを通じて提供されるアプリケーションを提供するものである。ならば、「クラウド」とは何なのか？　結論から言うと、このことを正確に説明できる必要はないだろう。なぜならば、IT業界は浮かんでは消える儚いバズワードに毒されている。具体性がなく、抽象的であればあるほど、人々の創造性をかきたてる。この「クラウド」という言葉もそうだ。いつしかあらゆるものを指し示す言葉として使われ始めている。だからといって目くじらを立てても仕方がない。あくまで、ASPやSaaSの延長線上にあるのだから。

とはいえ、ビジネスの最前線にいるならば、このクラウドへの潮流はしっかりと把握しておきたい。まず、企業経営におけるIT活用を振り返ると、一昔前はOA化による主に事務部門の生産性向上を目的として、パソコンなどの活用が進められた。その後、IT化として、企業内の情報において全社的に共有化や効率化、付加価値の創造などを目的に推進されてきた。現在はIT化の延長線上として、クラウド化が盛んに行われている。

今まで自社でシステムをオーダーメイドで構築したり、パッケージソフトを購入したり、それらを使うためにサーバを設置したりということを行ってきた。それぞれ多大なコストがかかるし、必ずしも満足のいくものを作って使えてきたわけでもない。数年使えば、サーバを買い替えたり、ソフトウェアをバージョンアップしたりコストがかかる。保守運用のコストも継続的に必要だ。

いわば、これまではITを使った仕組みを作ること、維持することに膨大な労力とコストをかけてきたのである。ITに限らず、何かモノを作るということは容易なことではない。加えて、技術革新の流れが激しいITの分野となると、将来も見据えた適した技術で自分たちの望むものが作れるかというと、その道のプロでも難しい。ITの良い仕組みを作り、使いこなして本来の目的の企業経営に活かすということが、非常に難しいということは皆さんもお分かりのことと思う。

この問題の解決の糸口になるのが、クラウド化である。

クラウド化の要点の1つは、現在自社で持っているITの仕組みを、外部のサービスや仕組みに置き換えることである。

例えば、会計システムをクラウドサービスのものを使うようにする、ファイルサーバをクラウドのサーバに移行する、ということである。そうすることで、システムを開発する必要はなくなるし、サーバの設置場所や購入費用に頭を悩ませることもなくなる。ITを活用して企業経営に活かすという部分により注力することができるのである。

■ クラウドで中小企業のビジネスが変わる!?

クラウド化の要点のもうひとつは、ビジネスを創り出して推進することである。これまでは、例えば高機能なWebシステムを作り最先端のビジネスをするということは、Webシステムの構築に莫大なコストと時間がかかっていた。また、データを使ってマーケティングに活かそうとすると、大量のデータを処理する高価なサーバや、データを蓄積するための仕組み作りが必要であった。これらは、中小企業には簡単なことではない。

だが、クラウド化により、中小企業でも手が届くようになった。新規ビジネスに使えそうなWebシステムは、探せば大量に検索サイトの結果画面に現れる。申し込めば、早ければ当日中に利用開始も可能だ。スマートフォンから制御機器や家電まであらゆるデバイスがネットワークに繋がり、毎日クラウドのサーバにデータを蓄積し、データ分析することも可能である。これらの環境が安価でスピーディーに手に入るため、中小企業もシステムを作るための障壁に遮られることなくビジネスの創造と推進を行うことができる。

そう考えると、クラウドを活用することがワクワクしないだろうか。これまで手に入らなかったものが簡単に手に入ったり、今まで諦めていたり思いもつかなかったりしたことが実現できたりするかもしれないのだ。初期投資が少なく済むため、やり直しもできる。チャレンジをするのに相応しい環境が整ってきている。

実は、クラウドといってもその範囲は非常に広い。それは本書を読んでいただくと理解いただけると思うが、社内にインターネットにつながるパソコンさえあれば、後は何も社内には持たずにすべてクラウドで事が足りてし

まうほどである。

「こんなことまでクラウドでできてしまうのか」

これが、今まで数々のクラウド商品やサービスを紹介し、クラウド活用を支援してきた弊社が、お客様から一番多くいただく感想である。

■ クラウドが仕事を、働き方を変える

前出のようにクラウドが一般的になってくれば、企業経営の在り方も大きく変わってくる。特に、大企業に比べ経営資源に乏しい中小企業は、工夫次第では、このクラウドを強力な武器に変えることも可能だ。

例えば、弊社はベトナムに拠点を構えている。その他、日本には東京と大阪、そして沖縄に事務所がある。この拠点間でシームレスなテレビ会議を開催できれば、毎度の出張コストが大きく削減できるだろう。まさにコスト削減の代表例だ。しかし、従来のテレビ会議システムは中小企業にとって高価な設備投資の部類に入る。ところが、昨今のクラウドツールの充実は、このようなテレビ会議ツールをも大きく変えた。スカイプくらいの選択肢しかなかった分野が今では多彩な機能を提供するツールが数多く登場している。

このツールさえあれば、世界中のどこにいても会議ができる。いや、世界の前に日本でもそうだ。女性活躍支援を政府が重要戦略として位置づける昨今、改めてテレワークの有用性が見直されてきている。このクラウドによるテレビ会議の実現は、私たちの『働く』という概念まで変えてしまうパワーを秘めている。

例えば、クラウド上で世界中の人々が簡単に共同作業が可能になる。言語の壁を越えて、グローバルなクリエイティブワークも簡単にする。

コストも削減できるし、スピーディーな経営が可能、さらに簡単に利用できる。良いこと尽くめだが、何よりも今までの日本人の労働の概念を変えるかもしれない。だからこそ、前述したように、この力を最大限に享受すべきは中小企業なのである。

◆

本書はそんなクラウドで広がる世界を体感してもらうべく、幅広いジャンルから代表的な商品やサービスを紹介している。クラウドサービスを使うだけではなく、自社のシステムにクラウドの技術を活用したい、クラウドの仕組みを活用したサービスを使いたい、という企業にも役に立つように選定している。

「これまでとは違うクラウドの活用方法が見つかった」
「新たなビジネスを思いついた」

本書がそのような新たな世界との出会いのきっかけになれば幸いである。

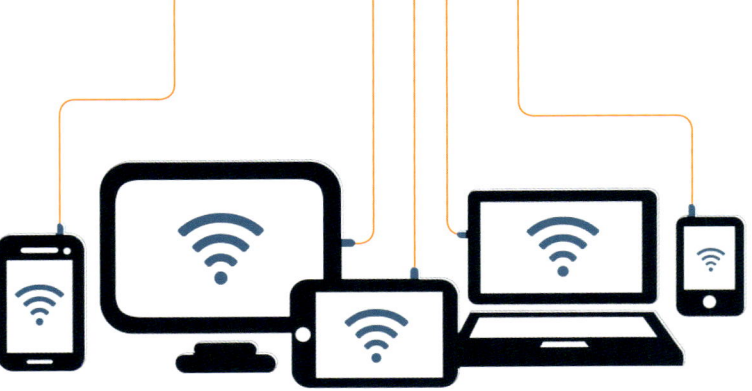

株式会社ブレインワークス
窪田光祐

1998年より株式会社ブレインワークスにおいてシステムエンジニア、ネットワークエンジニアとして活動。
基幹システム構築、ネットワーク構築からプライバシーマーク取得コンサルティング、ISMS取得コンサルティング、内部統制の構築、CIO補佐官など数多くの実績がある。
入社当初よりベトナムをはじめとしたアジア各国の技術者とシステム構築を行い、オフショア開発の経験も多い。
2015年2月現在、衆議院と人事院においてCIO補佐官を務めている。

Contents

カテゴリー	分類	サービス名	会社名	ページ
アプリケーション(SaaS)	Eラーニング	Total Learning Platform edulio	株式会社マイデスク	008
	EC	EC-ERP宗達	株式会社アイ・ピー・エス	010
	EC	MOS（モバイル受発注システム）	株式会社アクロスソリューションズ	012
	SFA	アクションコックピット	株式会社ビジネスラボ	014
	CRM	うちでのこづち（分析型通販CRMシステム）	株式会社E-Grant	016
	勤怠	COMPタイムカード	株式会社東日本システム	018
	予約	火葬場予約システム	株式会社東日本システム	020
	業務管理	賢人ワークフロー／修理点検、工事業務に役立つクラウドサービス	賢人株式会社	022
	メール	メール配信システムWEBCAS e-mail	株式会社エイジア	024
	会計	クラウド会計ソフト freee	freee 株式会社	026
	図面	「DynaCADクラウド」「現場で図面」	株式会社ビーガル	028
	人事	パフォーミア・チームビルディングシステム	株式会社パフォーミア・ジャパン	030
	ショップ	フリーウェイ来店ポイント	株式会社フリーウェイジャパン	032
	勤怠	フリーウェイタイムレコーダー	株式会社フリーウェイジャパン	034
	情報共有	コラボノート for クラウドフリーウェイタイムレコーダー	鉄道情報システム株式会社	035
	会計	フリーウェイ給与計算	株式会社フリーウェイジャパン	036
	勤怠	e-works勤怠管理システム	株式会社イーワークス	037
	CRM	フリーウェイ顧客管理	株式会社フリーウェイジャパン	038
	CMS	WIELD	エスエイチラボ株式会社	039
	販売管理	フリーウェイ販売管理	株式会社フリーウェイジャパン	040
	CMS	info Builder	インクレイブ株式会社	041
	勤怠	勤怠管理システム『e-就業ASP』	株式会社ニッポンダイナミックシステムズ	042
	メール	Mail Manager	インクレイブ株式会社	043
	メール	「EMERGENCY Σ」＆「MAILBASE Σ」	サイバーソリューションズ株式会社	044
	メール	SMS配信サービス	オデッセイサービス・ジャパン株式会社	045
	メール	CYBERMAIL Σ	サイバーソリューションズ株式会社	046
	CRM	顧きゃく録	株式会社ケーピーエス	047
	EC	E-ASPRO	株式会社 東計電算	048
	帳票	ReportsConnect	株式会社ケーピーエス	049
	バックアップ	Air Back Plus	株式会社アール・アイ	050
	販売管理	WIT販売管理 for クラウド	シーズンソリューション株式会社	051
	バックアップ	Secure Back4	株式会社アール・アイ	052
	認証	Cloud SmartGate	メディアマート株式会社	053
	会計	FUTUREONE クラウド会計	FutureOne株式会社	054
	販売管理	車楽クラウド	株式会社オーユーシステム	055
	情報共有	なかまクラウドオフィス	株式会社ダイナックス	056
	ショップ	予約システム「Coubic（クービック）」	クービック株式会社	057
	健康	ウェルスポートシリーズ	パナソニック ヘルスケア株式会社	058
	グループウェア	LiveAgent	株式会社インターワーク	059
	EC	BカートASP	株式会社Dai	060
	塾	集客パーク for 学習塾	株式会社セルバ	061
	情報共有	GizaStation	有限会社ジェイ・ビーンズ	062
	ショップ	シフト連動型予約管理システム「よやぽ」	マネジメントオフィスsyushu	063
	CRM	クラウドサービスサスケ リード職人	株式会社インターパーク	064
	ショップ	TableSolution	株式会社VESPER	065
	SFA	クラウドビート	株式会社ハートビートシステムズ	066
	ショップ	ATSR（Apparel Total System）	インネット株式会社	067
	ホテル	Lobby ホテルフロントシステム	株式会社ノクマインシステム	068
	会計	クラウド経費管理サービス「STREAMED」	株式会社クラビス	069
	生活	高齢者見守りサービス 絆-ONE	M2Mテクノロジーズ株式会社	070
	CRM	Focus U 顧客管理	キャップクラウド株式会社	071
	ショップ	助ネコ在庫管理	株式会社アクアリーフ	072
	勤怠	Focus U タイムレコーダー	キャップクラウド株式会社	073
	情報共有	Sansan	Sansan株式会社	074

カテゴリー	分類	サービス名	会社名	ページ
アプリケーション（SaaS）	位置情報	iHere	クオリテック株式会社	075
	情報共有	CIMA Chart SaaS	株式会社テクノプロジェクト	076
	情報共有	iQube	株式会社ソーシャルグループウェア	077
	建設	現場支援 フィールド・ネット	株式会社建設システム	078
	Eラーニング	ネットラーニングプラザ	株式会社ネットラーニング	079
クラウド活用	クラウドソーシング	Woman&Crowd	株式会社STRIDE	080
	クラウドソーシング	ハンドクラウド	株式会社リフラックス	082
	クラウドソーシング	アサインナビ	株式会社アサインナビ	084
	バックアップ	JRシステム リモートバックアップサービス	鉄道情報システム株式会社	086
	仮想デスクトップ	Thin Office VDI ～仮想デスクトップクラウド～	クオリカ株式会社	087
	電話	Flat-Phone	FlatAPI合同会社	088
	クラウドソーシング	アールソーシング	合同会社ドリームオン	089
	クラウドソーシング	ワークシフト	ワークシフト・ソリューションズ株式会社	090
	クラウドソーシング	Conyac	株式会社エニドア	091
	クラウドソーシング	ツクリンク	株式会社ハンズシェア	092
	サービス	映像制作支援サービス izmaker	株式会社ビデオソニック	093
	アフィリエイト	アフィリコード	株式会社リーフワークス	094
クラウドセキュリティ	ネットワーク	無線ＬＡＮ定期セキュリティ診断サービス	スペクトラム・テクノロジー株式会社	095
	災害対策	ODM&VPSL	株式会社アイテックジャパン	096
	監視	PATROL CLARICE Cloud	株式会社コムスクエア	098
	認証	BIG-IP Access Policy Manager（BIG-IP APM）	F5ネットワークスジャパン株式会社	100
	ネットワーク	FlowMon	オリゾンシステムズ株式会社	102
	認証	情報漏えいに強い認証／鍵管理基盤 LR-AKE	BURSEC 株式会社	103
	仮想アプライアンス	Barracuda Web Application Firewall	ジェイズ・コミュニケーション株式会社	104
	ネットワーク	クラウド セキュリティ ソリューション	アカマイ・テクノロジーズ合同会社	105
	ウイルス対策	WEBROOT SecureAnywhere Business	株式会社アーブ	106
	監視	Vanquish	株式会社シーズ・クリエイト	107
	統合	iSHERIFF CLOUD SECURITY	アイシェリフ・ジャパン株式会社	108
	災害対策	安否確認サービス	サイボウズスタートアップス株式会社	109
クラウド構築	構築・移行支援	クラウドワープ	株式会社システムエグゼ	110
クラウド技術	コミュニケーション	VQS COLLABO	VQSマーケティング株式会社	112
	ネットワーク	データセンターソリューション	ジュニパーネットワークス株式会社	114
	リモート	AnyClutch Remote	株式会社エアー	116
	電話	IPクラウドフォン	株式会社エックスグラビティ	117
	電話	テルネ	ピーシーエッグ株式会社	118
	コミュニケーション	GCgate/Web会議システム	株式会社ゼネテック	119
	ビッグデータ	bodais	株式会社アイズファクトリー	120
インフラ（IaaS）	サーバサービス	使えるクラウド（IaaS/クラウド型サーバー）	使えるねっと株式会社	121
	データセンター	Qic Qumo	株式会社キューデンインフォコム	122
	サーバサービス	専用サーバーFLEX	カゴヤ・ジャパン株式会社	124
	サーバ	スパコンテナ	株式会社アイピーコア研究所	126
	サーバサービス	鴻図雲	株式会社クララオンライン	128
	ストレージ	DirectCloud	株式会社Jiransoft Japan	129
	ストレージ	ファイルフォース	ファイルフォース株式会社	130
	サーバサービス	Livestyleサービス	株式会社ＴＯＳＹＳ	131
その他基盤	デスクトップ（DaaS）	iDEA Desktop Cloud（VMware Horizon™ DaaS®）	イデア・コンサルティング株式会社	132
	開発環境（PaaS）	Scirocco Cloud	株式会社ソニックス	134
	開発環境（PaaS）	AdsolDP（多機能分散開発プラットフォーム）	アドソル日進株式会社	135

007

Total Learning Platform edulio

数行のソースコードを貼るだけで
ホームページが教育ビジネスシステムに変わる

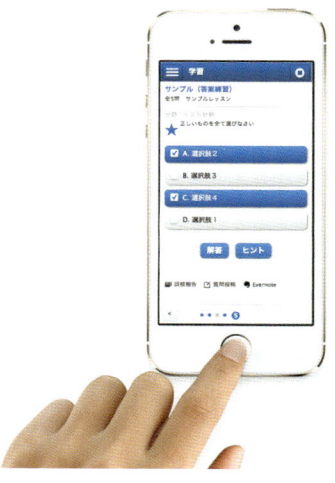

価格：6,500円/月（税別）〜
動作環境：パソコン, タブレット, スマートフォン
ブラウザ：IE 9.0以上／Chrome／Safari／Opera／Firefox

edulioは、オンライン学習ビジネスに必要な機能を取りそろえたシステムです。自社のホームページに数行のソースコードを組み込むだけで、簡単に導入することができます。

edulioは、クラウド型のシステムです。たとえ受講生が数万人に増えても問題ありませんし、インターネットが繋がれば、世界中のどこからでも快適に学習することが可能です。

1. 集客機能
資料請求フォーム、セミナーの申込受付フォーム、お問い合わせフォームをホームページに埋め込むことができます。

2. 販売機能
教科書や参考書などの商品販売、PDF資料などの電子媒体のダウンロード販売、eラーニングの受講権の販売、月謝や会費などの継続課金ができます。

3. 顧客管理
顧客情報とステータス、各種履歴を一元管理できます。

4. eラーニング
講義動画や音声の配信、PDFスライドの配信、OX,拓一など各種出題形式のテストの出題、資格試験の過去問題演習に最適な答案がおこなえます。学習進捗の詳細分析もできます。

5. コミュニケーション
受講生からの質問受付と回答ができるQ&Aフォーラムの開設、受講生、見込み顧客に対するアンケート実施や一斉メール配信ができます。

セールスポイント
WEBでお申込みをするだけでオンライン学習ビジネスを簡単に始めることができます。初期費用や最低利用期間の制限もなく、全ての機能を試せる無料プランもあるため安心です。

メリット
個別最適化された集客システム、販売システム、顧客管理システム、eラーニングシステム、コミュニケーションシステムを利用するより、費用を10分の1程度にまで削減することができ、運用にかかる人件費も大幅に削減できます。

お奨めしたいユーザー
オンライン学習ビジネスを始めたい、個人から中小企業や、企業内研修、研修会社、資格学校、カルチャースクール、学校、学習塾、専門学校にお奨めです。

オンライン学習システムの研究と開発に特化した弊社が、クラウド型オンライン学習ビジネス専用システム「edulio」を開発致しました。5つの特徴で、オンライン学習ビジネスの最先端を走っています。
①たった数行のソースコードを貼るだけでedulioをご利用いただけます。とても手軽にオンライン学習ビジネスを始めることができます。
②個人事業主様でもすぐにオンライン学習ビジネスを始めることができる価格設定にしています。専門知識をお持ちの方、是非、その知識を全国の受講生に配信してください。
③集客―教材販売―eラーニング―コミュニケーションの一貫システムなので、効率的に業務をおこなうことができます。
④オンラインビジネスで必須事項の販売機能が備わっており、教科書等の物販、PDF等のダウンロード販売、eラーニングの受講権販売、月謝や会費等の継続課金をクレジット会社との契約なしで行うことができます。
⑤管理画面からチャットで質問ができるなど、サポート体制も充実しています。

Case Example

【企業内研修】
従業員やアルバイトスタッフなどの研修用としてご利用頂いています。使い方は「動画とスライドを活用したマニュアルの配信」「個人情報保護方針、セキュリティ研修等の理解度テスト」等です。

【研修会社】
法人研修用として、クライアントの従業員の研修やテストをおこなう事例が増えています。受講後のアンケートやテスト結果とともに報告レポートが作成できます。最近は個人研修用途も人気です。

【学校・学習塾】
反転学習用の動画配信と確認テストをおこない、その結果を踏まえた解説動画を配信する事例が増えています。また、全ユーザで共有できるQ&Aフォーラムがクラス全体の学習効率を高めます。

【カルチャースクール】
講義動画の配信だけでなく、Q&Aやアンケートを活用して、受講生とコミュニケーションを深める利用事例が増えています。また、外部のWEBサービス(WEB会議等)と併用する事例も増えています。

【資格学校】
講義動画の配信と過去問題の答案練習を組合せの事例が増えています。答案練習はOX,択一,複数選択,記述,ドラッグ&ドロップ,仕訳など様々な問題に対応し、過去問題の横断縦断学習が可能です。

【専門学校】
反転学習用の動画配信と、一斉確認テスト実施と、その結果を踏まえた解説動画を配信する学習方法を実施する事例が増えています。また、全ユーザで活用できるQ&Aフォーラムがクラスの学習を深めます。

導入実績
400社以上
・2015年1月時点

Company Profile

2010年創業以来、個人でも手軽に使えるオンライン学習システムの研究と開発を手がけております。これまでに400社以上の導入実績を持ち、顧客の業務分析と最新技術を重ねることで、これまでにないオンライン学習ビジネス専用のシステム「edulio」の開発とサービス提供に成功致しました。

株式会社マイデスク

本社所在地：〒101-0032 東京都千代田区岩本町1-13-5　SSスマートビル
TEL：03-4405-7485
http://www.edulio.com
製品に関する問合せ先（お見積りなど）
担当者：松野 広志
TEL：03-4405-7485
E-mail：info@edulio.com

EC-ERP宗達

ビジネスネットワーク
EC-ERP宗達が、インターネットの商流を広げます。

> これまでのECサイトはいわゆるネットショッピングのことで、顧客がWEB上で"注文する"ための手段でした。
> これに対して本製品は、注文だけでなく、得意先から仕入先、自社内のやり取り全てを自動化致します。

- ・販売、購買、物流を始めとした基幹業務全般
- ・クラウド／オンプレミス
- ・取引先の数や取引量によって、価格が決定。（年払、月払他）
- ・英語／日本語／中国語
- ・万全なセキュリティー、トランザクションデータは暗号化に対応

- ・WEB上の企業間取引をクラウドで安全に始めることができます。
- ・CSのために、配送の小口化に、人手不足に、全社的な業務効率のために。

インターネット取引と基幹システムがタイムリーに連携し、受注・発注・在庫確認や発送・売上（決済）まで含めて取引の自動化を進めることができます。その結果、得意先も自社側も正確な情報を基に取引を行うことができるため、毎回問い合わせをしなくても、注文者自身で正確な在庫状況や納期情報、配送の進捗状況を確認することができるようになります。

たとえば、得意先がECサイトを介して注文すると、既存の基幹システムに自動に取り込まれるため、自社での受注入力が不要です。また、ECサイトを介して得意先に注文受領の連絡もできます。

注文受領後は、自社の在庫を引き当て、在庫不足の場合は仕入れの注文、生産指示など社内業務と連携できます。

物流業者、銀行、カード会社と同様の情報連携を行うことも可能です。得意先、仕入れ先から物流会社、銀行、カード会社まで、あらゆる取引先とのやり取りを、ECサイトを通じて自動化することができます。

セールスポイント

- ・自社だけでなく、本システムを利用する全ての取引先（得意先,仕入先）が『EC-ERP宗達』のリアルタイム連携、取引の自動化など多くのメリットを享受できます。
- ・現在お客様がお使いの基幹システムと連携してお使い頂けます。
- ・本システム自体も基幹システムとしての機能を持っています。基幹システムをお持ちでない企業様もその機能をお使い頂けます。
- ・スマートフォン・モバイルからもご利用頂けます。

メリット

- ・経営面ではビジネスネットワークの拡大
- ・営業面では顧客サービスの向上
- ・業務面では全社的な業務効率化及び取引先の業務効率化

『EC-ERP宗達』はインターネットを通じてクラウドサービスを利用できるので、すぐにこれらのメリットを得ることができます。
従来のEDIやシステムI/Fとは異なり、取引先に負担がかかりません。

お奨めしたいユーザー

- ・商社、卸、製造業の企業様
- ・企業規模は不問です。クラウドですので、スモールスタートも可能ですし、規模が大きくなっても対応可能です。
- ・取引先、取り扱い商品点数が多く、得意先からの問い合わせ対応に追われている企業様
- ・ECビジネスをすでに始めている企業様も、これからの企業様もお使い頂けます。

弊社は、「すべては、お客様の業務品質のために」をモットーに、お客様の基幹業務における業務品質の向上を追求し、SAP ERPシステムの導入・保守サービスを専業としております。お客様が新しいビジネススタイルを確立し、お客様やエンドユーザー様までの仕事の生産性を高めることが私たちの願いです。

これまでの業務システムは自社の生産性を上げるために、どのように情報をふかん的に見るべきかを考えて作られていました。しかし、今回の取り組みはさらに視野を広げ、取引先との情報連携がどうあるべきかを全社的にふかんして管理することができます。

自社だけではなく、得意先、仕入先などこのシステムを利用する関係者すべてが便利になります。受注・発注・在庫確認や発送・売上(決済)までネット取引と基幹システムがリアルタイムに連携し、タイムラグが生じません。

トランザクションデータは暗号化され、端末にデータを残さないため、データ流出やデータが壊れるリスクがございません。

万全のセキュリティをご提供致します。

お客様の小口化、納期の短縮化、人材不足への対応といったさまざまなお客様の悩みに応えるためにこの製品を開発しました。是非ご利用ください。

B2Bでのご利用が増えてきています！

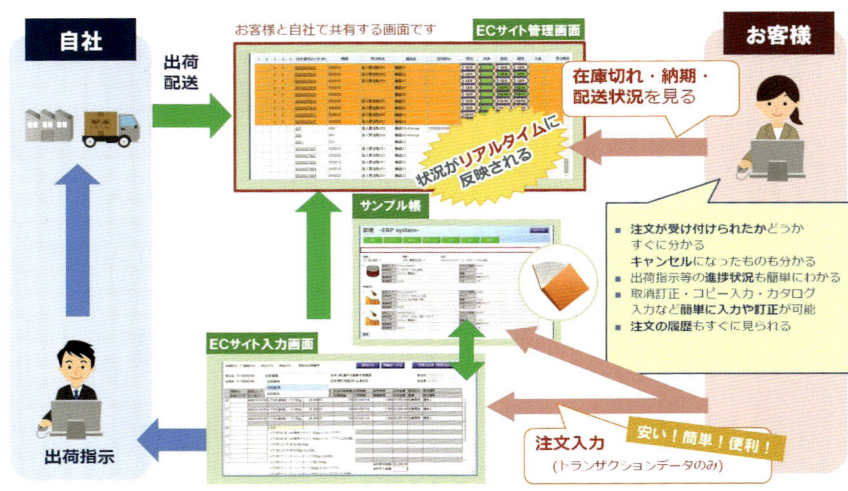

年商350億の服飾資材メーカーが使用

Case Example

IPSがSAP ERPを導入した年商約350億円、従業員約1,400人服飾資材製造販売の企業様です。販売、会計、購買、生産の業務において当社製品をご利用頂いています。社内業務の効率化はSAP ERP導入により改善したとして、次は社外とのやり取りをより効率化するために、まずはECサイトを通じた情報の開示から始め、慣れてきたら、ECサイトに直接得意先が注文を入力するという『EC-ERP宗達』を利用した取り組みを始めています。
同社の取引先は非常に多く、営業フォローが十分でない約8割の得意先に対して、少しずつ『EC-ERP宗達』を利用したビジネススタイルを広め、取引量の増加を狙っています。

■ Company Profile

IPSは設立以来18年間SAP ERPの専業パートナーとして約80社を超すお客様に導入してきました。
当社独自の製品とサービスはお客様の基幹システムはもちろんのこと、グローバル化やモビリティー、あるいは業務の改革やカイゼンを共に歩みます。

株式会社アイ・ピー・エス

本社所在地：〒100-0011 東京都千代田区内幸町2-2-2　富国生命ビル17F
TEL：03-5501-3380　　FAX：03-5501-3387
http://www.ips.ne.jp/
製品に関する問合せ先（お見積りなど）
担当部署：営業企画部
担当者：友利（ともとし）
TEL：03-5501-3380　　E-mail：info@ips.ne.jp

MOS（モバイル受発注システム）

MOSは、FAX・電話発注の代わりとなる少量取引に特化した業務用のモバイルWeb受発注システムです。

あらゆるモバイル端末に対応しているので、発注者はFAX・電話からMOSにすぐに切り替えが可能です。しかもモバイルに特化した使いやすさですので、ITに不慣れな方でもすぐにご利用いただけます。

完全なクラウドシステムですので、高額なEDIやEOSと異なり、投資対効果が期待できます。しかも導入が非常に簡単で、商品マスタと発注者情報を登録するだけでご利用開始いただけます。

受発注文化は企業様によって異なります。MOSはパッケージですので、安価にカスタマイズが可能です。多くの実績から多彩なオプションもご用意しており、すぐにご利用いただけます。

FAX電話はくずかごへ

MOSはFAX・電話の代わりとなる業務用の受発注システムです。FAXよりも便利で電話よりも早く正確に発注できます。受注側の機能はより正確で拡張的、かつ基幹システムとの連動を意識して設計構築しております。商品マスタをCSVで取り込み、発注者情報を登録するだけで発注画面が自動生成されます。発注者毎の商品表示や価格表示対応も可能です。

発注側においては、よりシンプルで分かりやすく、ITに不慣れな方でも簡単に発注できるようなUI（ユーザーインターフェイス）をご用意しております。ログインの際、ID・PASSを入力する必要がありません。カテゴリから目的の商品をいち早くみつけることができます。発注する商品に数量を入れるだけで発注手続きに移ることができます。できる限り分かりやすい画面構成で、少ないタップで発注が完了致します。

セールスポイント

MOSはそれぞれの発注者の発注パターンを学習します。学習したパターンを　アルゴリズム化し、取引先がよく注文する商品が何かを判別することで、より早く　発注できるよう、発注頻度が高い商品を上位表示致します。

メリット

メリットは大きく分けて2つあります。（1）受注経費を大幅に削減することができます。（2）他社と差別化した発注環境を取引先（発注者）に提供することができ、より多くの新規取引先の獲得に加え、売上増大も期待できます。

お奨めしたいユーザー

酒類卸売・小売業様
食品卸売・小売業様
包装資材卸売・小売業様
鮮魚卸売・小売業様
パチンコ景品卸売・小売業様
建材卸売・小売業様
塗料卸売・小売業様
化粧品卸売・小売業様
雑貨卸売・小売業様
など

弊社は、モバイルによる業務用受発注システムの専門企業です。企画から保守まで一貫して取り扱っております。

MOS（モバイル受発注システム）は弊社が自信をもってお奨めする商品で、小規模な取引に特化した業務用受発注システムです。従来の少量発注業務はファックスや電話で行うことが多かったのですが、これをMOS（モバイル受発注システム）に切り替えることによって、発注業務の負担が軽減されます。

MOS（モバイル受発注システム）は受注側の基幹システムとの連動を重視しています。発注者様の発注データをCSVで自動的に取り込むことができ、受注者側の受注業務を大幅に軽減致しました。

MOS（モバイル受発注システム）は、発注者の使い勝手がよいように設計されています。インターネットやクラウドシステムのことがよくわからない初心者の方でも、簡単な画面操作で発注できます。たとえば、ID・パスワードを入力せずにログインすることができ、数タップで発注作業を完了させることができます。

このように、MOS（モバイル受発注システム）は発注・受注両方にとって煩雑な手続きを簡素化することで、コストダウンにもつながります。

Case Example

有限会社ひまわり商事

弊社はパチンコの景品（菓子・食品・日用品等）をレジャー施設に卸売している会社です。いままでは多くのお客様からFAXや電話で注文を受けていましたが、人件費や受注工数などの受注経費が多くかかっていました。MOSを見つけた時には「これだ！」と感じました。受注経費を削減できるだけではなく、同業他社との差別化ができると感じたからです。

すぐに問い合わせ、デモンストレーションを行っていただきました。当社が希望する機能がほとんど標準で実装されており、安価かつ短納期で運用できたのも大きなメリットです。
お客様もスムーズにFAX・電話からMOSに切り替えていただけました。新規取引先獲得に加え、お客様満足度も向上で大変満足しております。

■ Company Profile

当社はモバイルに特化した業務用受発注システムの企画/設計/構築/販売/管理/保守をワンストップで行っております。

株式会社アクロスソリューションズ

本社所在地：〒920-0022　石川県金沢市北安江3丁目6-6
　　　　　　メッセヤスダ1F
TEL：076-255-2012　FAX：076-255-2013
www.acrossjapan.co.jp
製品に関する問合せ先（お見積りなど）
担当部署：本社
TEL：076-255-2012　E-mail：info@acrossjapan.co.jp

アクションコックピット

抜群の使いやすさ、機能充実のSFA営業支援システム
ひとりひとりと部門のパワーアップに

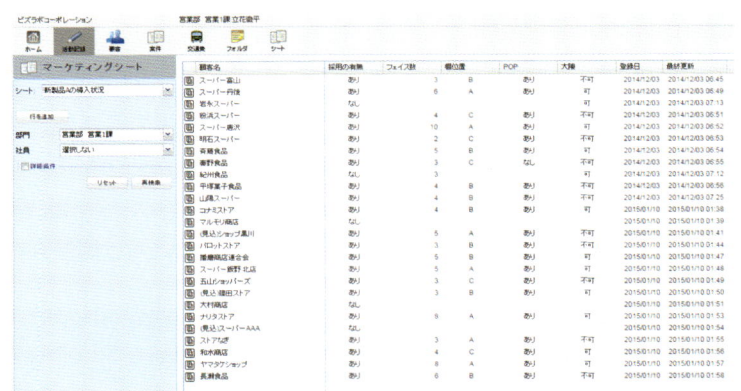

PCはもちろん、スマートフォンやタブレットでも快適に使える最新仕様。外出先からも、情報共有や活用ができ、業務の効率化にも役立ちます。

顧客の反応や店頭状況のリサーチ結果の集計、契約内容の管理など、さまざまな営業情報を管理するためのオリジナルな営業データベースを手軽に、短期間・低予算で開発できます。

柔軟で多様な案件管理機能が充実しています。新製品やキャンペーンの導入管理、見込み客管理なども含め、きめ細かな営業プロセス管理が実現できます。

カレンダー共有からはじまる、わかりやすく、シームレスな設計。カレンダーはグーグル連携も可能
・階層管理ができる顧客データベース
・見込み客リストなどのアップロード
・活動記録へのコメント書き込みとキャッチボール

・社内のコミュニケーションを円滑化するタイムライン
・顧客の重要度、優先順位などによるコンタクト先推奨リスト表示の営業ナビ
・外出先での地図、顧客コンタクト履歴確認
・売上見込管理

・活動履歴と連動した交通費精算
・日報に写真が添付でき、閲覧するときも同時に表示

など、使用シーンと使用目的にあわせて最適化し、利用しやすい機能とユーザーインターフェイスが特徴です。

セールスポイント
本格的で実務に役立つきめ細かな機能を備え、利用シーンを考え、使いやすさを追求した仕様にもかかわらず、月額利用料がおひとり2,000円からの低価格を実現。15年の運用実績で磨かれてきた安心のシステムです。

メリット
情報共有と社内コミュニケーションがどんどん促進され、部門が活性化してきます。数値目標と活動内容の質量両面からPDCAサイクルも円滑に回すことができ、営業のパワーアップに役立ちます。

お奨めしたいユーザー
情報システム管理者を置けない、システム管理者が手薄で手が回らない、といった中小・中堅企業さまに最適。また特定部門だけの導入も可能で、業種は問いません。

消費財から産業財まで、幅広い分野でマーケティングや営業活性化プロジェクトに長年取り組んできた経験から、営業部門で情報共有するシステムの必要性を痛感し、その提供を行うためにビジネスラボはスタートしました。SFAの分野では、日本初のインターネットを通じたソフト利用サービスでした。

SFAは情報共有し合い（Share）、その中から課題を発見し（Find）、新しいアクションを生み出す（Act）ためのマネジメントを支える仕組で、営業活動のPDCAを回す必須のツールとなってきます。

アクションコックピットの最大の特徴は、仕事の効率化や情報の共有と活用を促すために、利用目的や利用シーンを想定した画面遷移や仕様をきめこまかく追求していることです。それが使いやすさと積極的な活用につながってくるからです。

訪問頻度計画にそってどの顧客にコンタクトすればいいかをお知らせし、アポ取り時にも、必要な顧客情報がワンクリックでわかるユニークなオリジナル機能の「営業ナビ」もその一例です。

さらに、モバイルでの活用が営業の仕事の効率化とスピードアップの鍵になってきますが、クラウドにつながったアクションコックピットは高度な「営業手帳」としてご活用いただけるものと確信しております。

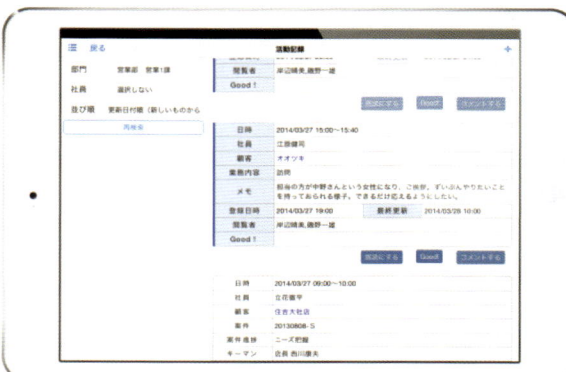

Case Example

お客様の声

＊営業会議での資料をアクションコックピットにすることで、準備の手間がなくなった。
＊日報の報告はチーム全体で閲覧し、共有。活発にコメントもやり取りされ、一体感をもって営業活動ができるようになった。
＊マネージャーのコメントをチーム全体で共有し、アドバイスや指示、会社の方針の共有が進んだ。
＊顧客コンタクト状況が適切かをマネージャーが確認し、必要であれば訪問リクエストで知らせ、重要な顧客への訪問漏れをなくした。
＊社内勤務のスタッフとの情報共有がスムーズになり、コミュニケーションコストが軽減。
＊キーマンの接触状況をカウント・表示し、会社として、重要なキーマンに確実にコンタクトできるようになった。

建築資材メーカー
酒造メーカー
建築施設リース業
産業財中堅メーカー
情報システム開発会社
業務サービス提供業
中古車販売会社
中堅商社
ラウンダー派遣企業など多様な業種で利用されています。

■ Company Profile

SFA営業支援システムをインターネットで利用するサービス会社として2000年に設立し、この分野の日本での草分けとしてスタート。15年の運用実績を持っています。

株式会社ビジネスラボ

本社所在地：〒564-0063　大阪府吹田市江坂町5-14-7　天牛ビル3階
TEL：06-6190-8075　FAX：06-6330-1103
http://www.bizlabo.co.jp
製品に関する問合せ先（お見積りなど）
担当部署：カスタマーサポート　担当者：田村
TEL：0120-70-8075
E-mail：customer@bizlabo.co.jp

うちでのこづち（分析型通販CRMシステム）

通販のCRMプラットフォームなら「うちでのこづち」

通販のリピート売上を上げる為の「分析型 施策連動 CRM」No.1
※ mixi リサーチ社・ビジネス部門調べ

さまざまな分析から自社の強化すべきポイントを見つけ出し、自動で施策から効果測定までを実現致します。

オリジナルの分析からフロー離脱率分析、RFM分析、CPM分析、転換率分析、転換日数分析等、さまざまな通販事業者に必要な分析がそろっており、自社の課題の把握が可能。

通販事業者の増加に伴い、新規顧客獲得が難しくなってきている現在の通販業界で、リピート顧客の拡大、顧客の育成、顧客離反の防止は通販事業者が取り組むべき重要な課題です。

自社の顧客を知り、顧客との適切なリレーションシップを図り、顧客育成を行うことこそが、売上拡大の最短ルートです。
通販において、新規獲得と同様にCRMは必須です。

本格的なCRM活動に取り組んでいる事業者は、まだまだ少数派です。
本格的なCRM活動を「うちでのこづち」を通じて、会社の成長に大きく貢献できればと願っております。

セールスポイント

- 通販に特化した CRM ツール
- 通販CRMに特化した専門会社が作るCRMマーケティング
- 分析から施策、効果測定、目標管理までトータルでCRM活動をサポート
- 充実のサポート体制
- 初めてでもわかりやすく使えるUI
- 充実したノウハウ

「分析」から導く自社通販の改善ポイントと策を知りたい企業様にうちでのこづちをご利用いただいております。
本格的な通販CRM活動を「うちでのこづち」で実現致します。

メリット

- 自社の課題を分析により発見できる
- メールやDM、コールへの施策までがシームレスに実行可能
- ABテストや、効果検証により、施策の効果から自社のゴールデンパターンが発見できる
- 目標設定等の指標の設定管理まで可能

お奨めしたいユーザー

- 化粧品・サプリメント・食品等のリピート商材を取り扱う通販事業者様
- アパレル・雑貨等の多数商品を展開の通販事業者様
- その他業態の通販展開をされている企業様

弊社には5つの強みがございます。

①通販に特化した専門会社で、CRM活動に本格的に取り組んでいます。通販では新規顧客獲得だけではなく、顧客満足度の向上がリピート売上を上げるために必須です。弊社の英知を注ぎ込んだ、通販の分析型施策連動CRMプラットフォームとしての「うちでのこづち」を、自信をもってお奨め致します。

②弊社独自の分析機能を駆使し、通販事業者様をあらゆる側面から支援致します。

③CRMマーケティングのことを熟知したスタッフが、システムの枠を超えた充実したサポートを行うことができる体制が整っています。

④通販専用CRMシステム「うちでのこづち」は分析結果⇒施策⇒検証まで一気通貫で運用することができ、リピート顧客の拡大・顧客離反の防止に大きな役割を果たします。

⑤弊社は一般社団法人「日本通販CRM協会」の設立に大きく貢献し、代表取締役は同協会の理事を務めております。弊社は通販CRM活動に関する最新情報をいち早くキャッチし、この分野で常に最先端を走って参ります。

「うちでのこづち」とは

EC・CRMに特化

圧倒的な分析ノウハウ

独自の分析機能

分析結果からの施策連動までが可能

売上推移イメージ

Case Example

適切な顧客リレーション活動（CRM活動）がリピートユーザー創出のカギ！

■ リピート通販企業様
定期購入への転換率から、商品ごと、回数ごとの離脱率を把握し、フォロー施策をセット。その効果検証を行い、どのようなアプローチが自社の顧客にあった策かを導き出し、単月売上が300％に。

■ 総合通販企業様
転換率等の分析から自社の商品購買傾向を導き出し、顧客リレーションシップ施策を通じ、商品転換と再購入率が250％に。

※多くの大手企業様に導入していただいております。
● 大手健康食品メーカー
● 大手化粧品メーカー
● 大手宅配通販メーカー
● 大手ウォーターサーバー会社
● 大手飲料品メーカー
● 大手食品メーカー
● 大手外資系会社
● 大手賃貸会社
● 大手医薬品会社
● 大手製薬会社
● 大手決済会社
● 大手アパレル会社
● その他

Company Profile

「通販×CRM」の専門企業。
・分析から施策、効果検証まで一気通貫。
　通販専用のCRMシステム「うちでのこづち」を提供。
・代表取締役は、一般社団法人「日本通販CRM協会」の理事を兼任。

株式会社 E-Grant（イーグラント）

本社所在地：〒105-0013　東京都港区浜松町1-28-4　保木ビル3階
TEL：03-6450-1077　FAX：03-6450-1078
会社URL：http://www.e-grant.co.jp
うちでのこづちURL：http://www.uchideno-kozuchi.com
製品に関する問合せ先（お見積りなど）
担当部署：営業部　担当者：大川
TEL：03-6450-1077　E-mail：eg@e-grant.net

COMPタイムカード

パートタイマーや
アルバイトの給料計算をお手伝い。

COMPタイムカードはお店の業態に合わせて打刻方法を選べます。PCまたはタブレット・スマホでの打刻が可能なので、専用の機器を新しく買いなおす必要はありません。
http://timecard.hsys.ne.jp/

メリット
給料計算にかかる時間や手間を大幅削減。

お奨めしたいユーザー
食堂やラーメン屋さんなどのパート従業員が多い業種
スナックやバー、キャバクラなどの飲食業

PCやタブレットがタイムカードの代用として使うことができ、給料計算まで自動でやります。

申込みいただきました場合には、全員もれなくipadミニをプレゼント致します！

月々6,400円（税込）からと大変お手頃な価格にてご提供させていただきます。

Q：COMPタイムカードの「ウリ」は何ですか？
A：とにかく、取扱いが簡単ということです。お客様には食堂、居酒屋、スナック等が多く、特別なITの知識がなくても取り扱えるようにしております。

Q：飲食関係のお店でのご採用が多いということですが、そうすると、早出、遅出、短時間パート、土日だけのアルバイト等、複雑な出勤形態ではないでしょうか？
A：その通りです。飲食関係のお店では、勤務形態が種々混在していましたので、月末には1日費やして給料計算をすることも多かったようです。是非、弊社のCOMPタイムカードにお任せください。複雑な勤務体系でもすべて自動で給料計算を行います。

Q：それほど便利なものなら、高価な機械の購入など初期費用やランニングコストが高いのですか？
A：いいえ。個人事業主様、小企業様、零細企業様にお使いいただけるような価格設定にしております。簡単なので導入したその日からお使いいただけますが、お電話等でのサポートも行っております。

Q：今回、読者の方だけの「スペシャル」はございますか？
A：では、全国無料で出張設定と指導をいたします。

Q：交通費も無料ですか？
A：絶句）そっそれは、んーーー、、、、きびしい。かなりきびしいですが、今回だけ交通費無料（離島別途）で行きましょう。今回限りですからね。

Case Example

毎月の給料採算が非常に楽になりました。
給料計算と言えば、一日かかる大仕事でしたが、COMPタイムカードを使い始めてから、給料計算が大変な仕事ではなくなりました。

越後へぎそば処　粋や
スナック
ラーメン屋さん

■ Company Profile

WEB系プログラムの作成を得意とし、Linuxサーバーの構築も行っております。さらに、業務支援システムをクラウドで提供し、ご好評いただいております。

株式会社東日本システム

本社所在地：〒950-0912　新潟県新潟市中央区南笹口1-1-38-5F
TEL：025-288-5568　FAX：025-333-0558
http://hsys.jp/
製品に関する問合せ先（お見積りなど）
担当部署：開発部　担当者：木村 究
TEL：025-288-5568
E-mail：kimura@hsys.jp

火葬場予約システム

WEB火葬場予約システム導入で予約業務を効率化

弊社のWEB火葬場予約システムは火葬場の予約管理業務のシステム化を通じて **御社の業務を強力サポート**

・予約状況は全てまとめて管理
担当者全員で共有可能になるため予約の重複等のトラブルがなくなります。

・登録内容をそのまま利用して書類作成
作成にかかる時間や手間を大幅削減、入力ミスもなくなります。

新機能の追加や書類のフォーマット等、御社の業務に合わせたカスタマイズも可能です。一般的な管理会社と比べて予約手順が特殊、自治体ごとに届出書式が異なる等々ご相談承りますので是非一度、お問い合わせください。

http://kaso.hsys.ne.jp/index.html

火葬場、火葬炉が複数ある場合も一緒に管理することが可能です。

WEBシステムなので24時間/365日いつでもご利用いただけます。スマートフォン・タブレットにも対応していますのでWEB環境があればどこでもご利用いただけます。

月々10,000円（税込）からと大変お手頃な価格にてご提供させていただきます。

 セールスポイント
予約を希望される取引先が直接予約登録して下されば、電話受付にかかるコストを削減でき、聞き取りミスの心配もなくなります。

 メリット
登録内容をそのまま利用して書類作成。
作成にかかる時間や手間を大幅削減、入力ミスもなくなります。

お奨めしたいユーザー
市役所、火葬場運営業者

Q：火葬場予約システムの「ウリ」は何ですか？

A：これまで非常に面倒だった火葬場予約書類作成の労力を大幅に軽減していることです。全国の市町村の書類に対応しておりますので、お客様のニーズにしたがってカスタマイズが可能です。しかも、ウェブシステムなので、ウェブ環境さえあれば、24時間365日、いつでも、どこからでもご利用いただけます。

Q：ワードファイル等で書類を作成して。。。

A：いいえ。Web系プログラムですので、まさにワンクリックでお使いいただけます。

Q：それほど便利なものなら、きっと、初期費用やランニングコストが高いのでしょうね？

A：いいえ。企業努力により、初期費用、ランニングコストとも多くの方にご利用いただけるような価格設定にしております。操作も簡単なので、導入したその日からお使いいただけ、その日から書類作成時間を大幅に短縮することができます。

Q：今回、読者の方だけの「スペシャル」はございますか？

A：えっ（絶句）。わかりました。本誌の読者の方が「火葬場予約システム」をお申込みいただきました場合には、全員もれなくipadミニをプレゼント致します！

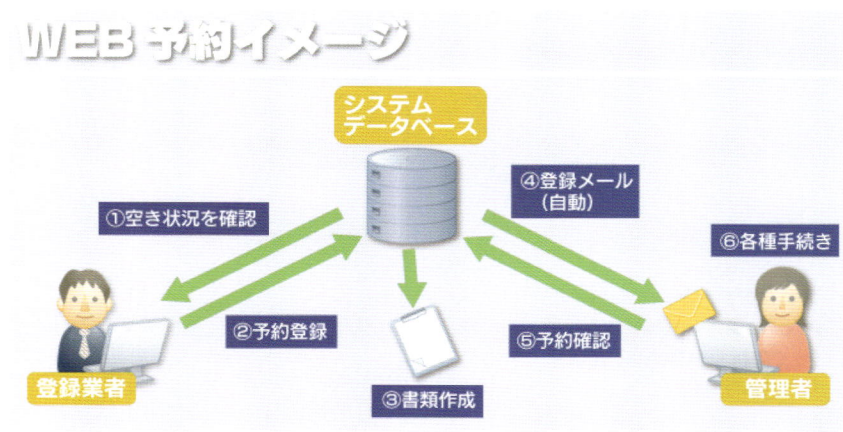

Case Example

火葬場運営の葬儀社

火葬場予約システムを導入してから、予約状況の確認がWEBでできるため、電話対応する必要がほとんどなくなり煩雑な作業から開放されました。書類を作成する手間がなくなり、さらにミスが大幅に少なくなりました。

■ Company Profile

WEB系プログラムの作成を得意とし、Linuxサーバーの構築も行っております。さらに、業務支援システムをクラウドで提供し、ご好評いただいております。

株式会社東日本システム

本社所在地：〒950-0912 新潟県新潟市中央区南笹口1-1-38-5F
TEL：025-288-5568　FAX：025-333-0558
http://hsys.jp/
製品に関する問合せ先（お見積りなど）
担当部署：開発部　担当者：木村 究
TEL：025-288-5568
E-mail：kimura@hsys.jp

賢人ワークフロー／修理点検、工事業務に役立つクラウドサービス

作業状況やスケジュールが正確に管理できます。
作業の手配と報告を簡単に、
作業履歴の分析も簡単にできます。

クラウドサービス（モバイル、Web化、見える化、データベース化）で貴社の修理点検、工事業務の効率化を図ります。

修理点検、工事業務に役立つ5つの機能
- 作業手配の自動化
- 作業スケジュールのWEB化
- 作業状況の見える化
- 現場報告のモバイル化
- 顧客情報と過去履歴情報のデータベース化

オープンな利用環境
システムはパソコンだけでなく、現場でも使えるタブレットPCやスマートフォンでもご利用いただけます。

リーズナブルな価格
クラウドサービスなので、サーバー購入やネットワーク契約など高価な初期投資が不要です。月額（31,200円～）と低価格な定額料金だけで運用できます。

修理点検、工事業務に役立つクラウドサービスはサービス名と同じく、修理や工事会社または製品メーカーのメンテナンス部門の業務を支援するシステムです。たとえば、修理会社の場合、「作業者の手配に時間がかかる」や「作業状況が把握できていない」「スケジュールが管理されていない」「顧客情報や過去の履歴が整備されていない」などの課題を解決するサービスです。機能は「作業手配の自動化」「作業スケジュールのWEB化」「作業状況の見える化」「現場報告のモバイル化」「顧客情報と過去履歴情報のデータベース化」などがあります。特に作業者や協力企業はスマートフォンやタブレットPCが利用できるので、作業指示や報告が迅速・正確にでき、作業状況もリアルタイムで確認できます。顧客情報や過去の作業履歴がデータベースに蓄積されるので、データ分析も簡単・正確にできるようになります。

セールスポイント
弊社クラウドサービスは中小企業から大手企業までさまざまな企業でご利用いただいております。ご採用企業様の実践的な意見を取り入れ、進化して参りました。利用者の不満を受け止め、より使い勝手がよくなるように改善して参りました。当クラウドサービスが修理点検、工事業務の最善の基準（ベストプラクティス）として、自信を持ってお奨めできます。

特徴
クラウドサービスには多くのメリットがありますが、デメリットもあります。カスタマイズ性が低いことです。特に業務システムは自社の業務に適合しにくいため、「制約の中で利用するか」「費用をかけて改修するか」でした。当クラウドサービスは柔軟なカスタマイズが可能です。貴社の業務に適合できるシステムを提供致します。

トライアル版の提供
無料で利用できるトライアル版をご用意しております。90日間（3ヶ月間）ご利用いただけますので「自社の業務に適合できるのか」「本当に効果が得られるのか」などの不安も解消できます。操作支援も無償でご用意しておりますので、安心してご利用いただけます。ぜひ、弊社クラウドサービスの効果をご体験ください。

賢人ワークフローは、「クラウドサービスで企業を変革する」を企業理念に掲げる弊社が、自信をもって中堅・中小企業様を主なターゲットとして開発したクラウドシステムです。賢人ワークフローには3つの大きな特徴がございます。

① **中堅・中小企業様にありがちのITシステムへのアレルギー払拭！**

ITシステムは難しい！ITシステムは高価だ！という先入観はございませんか。弊社はクラウドサービスでこれらの問題を解決し、よりシンプルなサービスを、より低価格でご提供致します。

② **中堅・中小企業様の業務にぴったり合わせるカスタマイズ！**

個々の会社様のニーズにぴったり合うように、カスタマイズ機能が備わっています。しかもオプションではありません。追加料金なしでカスタマイズができます。微に入り細に入り、貴社のニーズにとことん答えます。

③ **3か月のお試し、操作アドバイスも！**

新しいものの導入にはやはり不安がつきまといます。ご心配なく。3か月間の無料お試しがございます。しかもこのお試し期間中に操作方法のアドバイス等も行います。勿論、すべて無料です。お気に召さなければいつでもお止めいただけます。

是非弊社の賢人ワークフローをお試し下さい。

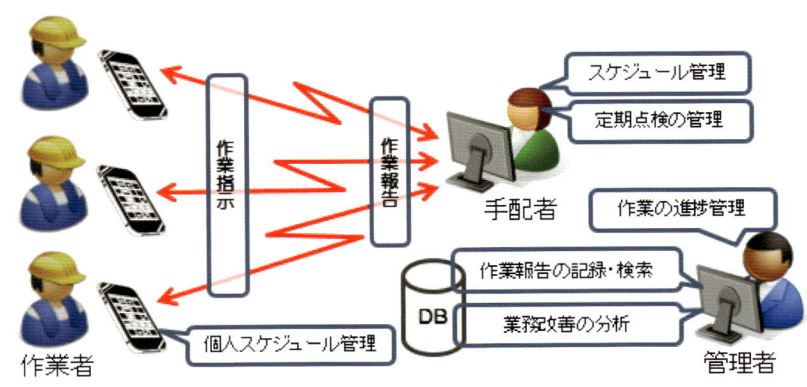

Case Example

導入効果には2つの側面があります。1つはコスト削減効果です。具体的には「作業者ひとり当たりの作業件数が増加した」「協力業者の手配時間が短縮した」「モバイル化で作業者の事務負担が減った」「現場での作業報告により残業が減った」「定期点検の準備時間が短縮した」などの効果です。2つ目は貴社のサービスの向上につながります。たとえば「データ分析で予防保全の提案をしている」「24時間365体制で事業が拡大した」「正確な作業進捗管理で会社の信用がアップした」などの効果により他社差別化を図ることができます。

中小企業様から大手企業様までさまざまな規模の企業様にご利用いただいております。弊社サービスの利用企業様に、特定の業種や機器などの制約はございません。たとえば、空調機器や厨房機の設置工事、計測機や自販機のメンテナンス会社、医療機器メーカーのメンテナンス部門など、作業者が現場で修理や工事する業務であれば、どのような企業様にもお奨めできます。

■ Company Profile

企業理念「クラウドサービスで企業を変革する」をモットーにしたクラウドサービス専門の企業です。新しい技術を駆使し、使いやすいサービスを、満足していただける品質で提供し、お客様に"新たな感動"で使い続けていただける「クラウドサービス」を目指しています。

賢人株式会社

本社所在地：〒105-0013　東京都港区浜松町1-1-10　立川ビル5階
TEL：03-3431-0895　FAX：03-3431-7198
http://www.shuuri-trade.com
製品に関する問合せ先（お見積りなど）
担当部署：営業部　担当者：山口
TEL：03-3431-0895
E-mail：sales@kengin.co.jp

メール配信システム WEBCAS e-mail

顧客データを有効活用して売上アップ！
スモールスタートから始める本格メール配信サービス

メールは、お客様にダイレクトに販売促進できるだけでなく、低コストかつ効率よく継続的にコミュニケーションを行える、有用なマーケティングツールです。しかし、毎日メールボックスにメルマガが大量に届くお客様の目は厳しくなる一方。安易なメルマガで成果を上げることは難しくなってきています。
WEBCAS e-mailは、大手企業の要望を取り入れ、「メールマーケティングで成果を高めるためのノウハウ」を詰めこんだメール配信システムです。メルマガの大量一斉配信はもちろん、お客様一人ひとりの嗜好や行動に合ったOne to Oneメール配信で、「お客様の心に響く」メールマーケティングの実現をサポートします。最低利用期間1か月、月額1万円からと、本格メールマーケティングを手軽にスタートしていただけるサービス体系です。

One to Oneメール配信機能
お客様一人ひとりに合ったメールを配信する機能が充実。名前の差し込みはもちろん、属性や行動情報をもとに配信条件をきめ細かく設定できるほか、メルマガの件名や一部だけをターゲット毎に送り分けることも可能です。

ステップメール機能
たとえばサンプル請求した方に、7日後、14日後…と任意のタイミングでメールを送り、商品購入を促進するステップメールが配信できます。一度設定すれば、自動でフォローメールが配信されます。

分析機能
メールの開封率、クリック率、商品購入まで至った数・率の把握はもちろん、誰がどのURLをクリックしたかまで、効果検証を詳細に行えます。

セールスポイント
WEBCASの最大の特徴は、お客様の環境や運用に取り入れやすいこと。顧客データベースや他システムとのつながりやすさ、Excelベースの顧客リストの取り込みやすさにこだわって設計しています。覚えやすくミスが起きにくい操作性にも定評があります。

メリット
「新しいシステムを使いこなせるか不安…」そんな方に好評なのが、エイジアのWEBCASサポートサービスです。サポート窓口にご連絡いただければ、専任サポート担当者が、設定や操作に関するお悩みをスムーズに解決します。東京でユーザ向け説明会も定期的に開催しているほか、画面共有を前提としたSkypeオンラインサポートにも対応します。

お奨めしたいユーザー
Excelや顧客データベースにある顧客情報を有効活用したい担当者様や、これから新規会員を集めて、メルマガを配信していきたい担当者様。「他社メール配信サービスの配信速度が遅い」「コスト負担が重い」などのお悩みをお持ちの担当者様にもお奨めです。

WEBCAS e-mail

■担当者インタビュー

「WEBCASは、企業とお客様との良好な関係構築を支援するマーケティングプラットフォームで、メール配信システムWEBCAS e-mailはこの中核を担っています。特にメール販促が重視される総合通販業界では、売上上位5社中4社がWEBCASを利用しています。WEBCAS e-mailは、2001年の発売以来改善を繰り返しており、次の特徴があります。

①毎時300万通の高速メール生成・配信性能。大規模会員を抱えるユーザの期待に応えるため、大量高速配信を実現します。配信遅延による「タイムセールメールが届いたが在庫切れ」などのリスクを最小化します。

②お客様一人ひとりに合ったメールを配信するOne to One機能。この機能の活用で優良顧客の育成や休眠顧客の掘り起こしなど、様々な目的に合ったメールマーケティングが実現します。たとえば「レジャー予算月2万円、過去1年間サービスを利用していない、首都圏在住30代ファミリー層」に、「いちご狩りツアー緊急プライスダウン!」とメールで告知できます。一見運用が大変そうですが、いつものメルマガにひと工夫するだけで簡単に実施できます。たとえば「メール件名」のみをターゲットに合わせて最適化し、送り分けるだけでも結果は変わってきます。

③安全性を維持する管理体制。個人情報を扱うシステムのため、毎年第三者機関による脆弱性診断を実施しています。また情報セキュリティマネジメントシステム(ISMS)の国際規格「ISO/IEC27001」とプライバシーマークの認定を取得し運用しています。この取り組みが評価され、大手企業を中心に1,600社以上に導入いただいております。」

セールスマーケティンググループ
マネージャー 磯貝浩貴 氏

Case Example
配信速度3倍を実現、次はOne to Oneメルメルマガの実践 ニッセン様導入事例

大手通販会社ニッセン様は、ニーズを的確にとらえたOne to Oneメルマガの実現を模索していました。しかし従来のシステムは会員増加に耐えられず、サーバ運用負荷が増大していました。そこでWEBCAS e-mailクラウド版を導入し、メールを安定的に高速配信できる環境を構築。約3倍の配信速度を実現しました。今後はWEBCASで、属性や行動履歴などの分析結果を元にしたOne to Oneメールマーケティングを実施していきます。

株式会社ニッセン、株式会社千趣会、株式会社ディノス・セシール、日本テレビ放送網株式会社、独立行政法人日本貿易振興機構、株式会社ノエビアホールディングス、株式会社読売旅行、タイ国際航空、松竹株式会社、千葉県浦安市、マツダ株式会社、日本たばこ産業株式会社、神奈川県大和市、株式会社ファンケル、東京商工会議所

■ Company Profile

株式会社エイジアは、メール配信システムをコアとしたシステムソリューションと、メールマガジン企画・制作・コンサルティングサービスを提供し、企業が抱えるマーケティング課題の解決を支援しております。

株式会社エイジア

本社所在地:〒141-0031 東京都品川区西五反田7-21-1
第5TOCビル9階
TEL:03-6672-6788 FAX:03-6672-6805
http://webcas.azia.jp/
製品に関する問合せ先(お見積りなど)
担当部署:セールスマーケティンググループ 担当者:堀江(磯貝)
TEL:0120-948-249 E-mail:webinfo@azia.jp

クラウド会計ソフト freee

お試し(無料)もできる
全自動のクラウド会計ソフト freee（フリー）

クラウド会計ソフトシェアNo.1のfreeeは、個人事業主・中小企業のための会計ソフトです。銀行口座やクレジットカードの明細を自動で取り込み、記帳を自動化。簿記の知識がなくても簡単にご利用いただけます。

自動で会計帳簿をカンタン作成。銀行やクレジットカードを登録するだけで、自動で会計帳簿を作成できます。

場所を選ばずいつでも使える
カフェのオーナーから法人会計までさまざまなデバイスでご利用いただけます。メール・チャットの無料サポート各種無料のサポートをご用意しております。お気軽にお問い合わせ下さい。

「無料から使える」freee（フリー）は無料から始め、低価格でご利用いただけます。
「会計帳簿を自動作成する会計ソフト」freee（フリー）は銀行やクレジットカードのweb明細から簡単に帳簿作成できます。経理に時間を使う必要がありません。
「直感的なレポート」
入力した情報をさまざまなレポートに出力できます。あなたのビジネスの状況が一目でわかります。
「Macでも使える会計ソフト」
freee（フリー）は Mac ユーザーの皆さんも快適にご利用いただけます。
「スマホでも使える会計ソフト」
スマートフォンを使って、いつでも、どこでもカンタンに経理ができます。

「さまざまなサービスと連携する会計ソフト」freee（フリー）はさまざまなサービスと連携しています。あなたのビジネスに合わせて活用すれば、会計を効率化できます。
「会計士・税理士と連携できる会計ソフト」会計士・税理士と協力して申告を効率化できます。

セールスポイント
簿記の知識がなくても使える会計ソフトなので、会計初心者の方も簡単に使うことができます。また、クラウド型の会計ソフトなので、いつでもどこでも使えます。無料からお試しいただけます。

メリット
従来の会計ソフトのように分厚い本を読む必要もなく、すぐに会計ソフトを使うことができます。クラウドなので、どのようなデバイスでも使うことができ、ワークスタイルにあった会計業務を行うことができます。

お奨めしたいユーザー
飲食店、IT関連、フリーランス、ライター、不動産、ECなど

スモールビジネスを最新テクノロジーで支援することをモットーしている弊社が自信をもってお奨めする全自動クラウド会計ソフトfreeeを是非お試しください。クラウド会計ソフトfreeeには3つの大きな利点がございます。
①クラウド型会計ソフトなので、メールアドレスとパスワードがあれば、誰でも、いつでも使えるソフトで、手軽にご利用いただけます。
②簿記等の専門知識がない人でも使いこなせるシンプル操作です。クレジットカード等の明細を自動的に取組む方法を用いて、自動で会計帳簿ができあがります。スモールビジネスにとりましては、人的コストを減らすことにもつながります。
③スモールビジネスの懐に優しい低価格で提供しております。現在、複雑な会計ソフトをお使いの方や専門家を雇用している方もおられるかもしれません。そんな時、弊社の全自動クラウド会計ソフトfreeeのよさを実感していただくために、最初は無料で提供しております。これなら使える、今までのものよりずっとシンプルだ、とご納得いただけましたら、低価格でそのままお使いいただけます。

「シンプルなことは最高だ！」ということをこの全自動クラウド会計ソフトfreeeで感じてください。

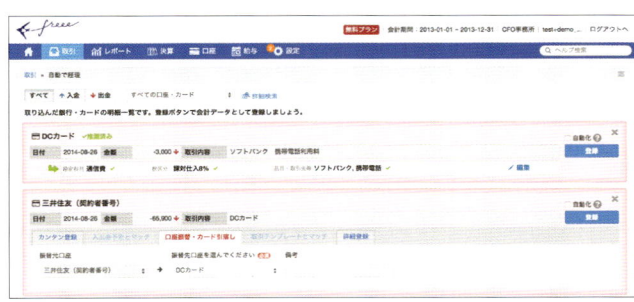 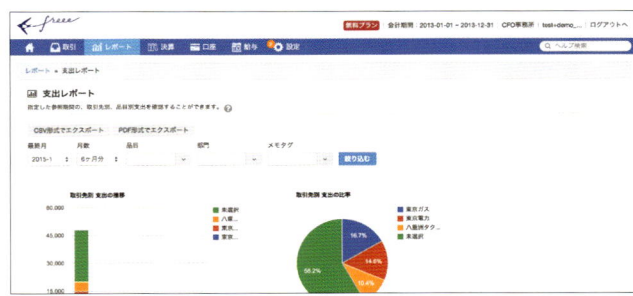

Case Example　10日で法人決算ができました

【ECサイト運営】
freeeは、経理初心者の私でもカンタンに使うことができました。チャットサポートやヘルプページを有効に活用し、初めての決算を10日で終えることができました。

飲食店、IT関連、webサービス開発、フリーランス、ライター、不動産EC

■ Company Profile

freee株式会社は、スモールビジネスを営む方々が創造的な活動にフォーカスできるよう、バックオフィスの業務をテクノロジーで自動化することを通じて、スモールビジネスの活性化に貢献し、イノベーションを促進したいと考えています。

freee株式会社

本社所在地：〒141-0031　東京都品川区西五反田1189　五反田NTビル7F
http://www.freee.co.jp/
製品に関する問合せ先（お見積りなど）
E-mail：freee@freee.co.jp

「DynaCADクラウド」「現場で図面」

自治体／建設業の図面の電子化はお任せください。
2次元汎用CAD『DynaCAD』がクラウドで登場！

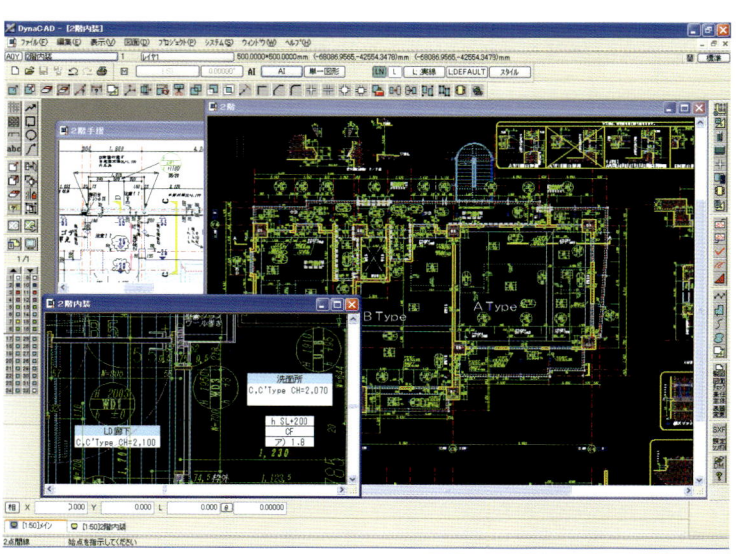

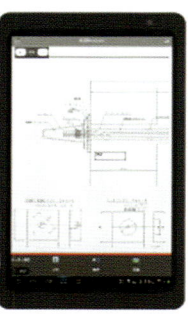

全国の自治体／建設業で好評の『DynaCAD』シリーズがクラウド提供され、月額で利用できるようになりました。業種に特化した豊富な機能の他、ラスタ編集や電子納品機能も搭載されています。

『現場で図面』はモバイル機器を利用して、現地で図面データを閲覧できるサービスです。図面閲覧だけではなく、メモや写真・音声などを添付することも可能。月額500円〜ご利用いただけます。

株式会社ビーガルでは、『DynaCADクラウド』『現場で図面』などのサービス提供だけでなく、図面トレースや電子納品代行なども行っています。図面の電子化のことはお気軽にご相談ください。

『DynaCADクラウド』は高機能な2次元汎用CADソフト『DynaCAD』シリーズの機能をそのままに、必要な時だけ月額で使用することができるサービスです。価格は『DynaCADクラウド』が月額5,000円（税別）、『DynaCAD土木Plusクラウド』

『DynaCAD官公庁版Plusクラウド』は月額6,000円（税別）。発注者や取引先にあわせて一定期間だけ利用したり、製品導入前のお試し利用などにも最適です。
『現場で図面』はこれからの現場作業に向けた提案サービス。わずらわしい紙図面と

決別し、モバイル機器を活用した現場での図面利用を実現します。図面データはクラウドサーバーにアップされるため、端末機の紛失にも情報漏洩もなく、安心です。

キャンペーン

JW_CADからの乗換えキャンペーンをご用意しています。（期限：平成27年4月30日）詳しくは、連絡先と『JW_CAD乗換えキャンペーン案内希望』を記載したメールを下記へ送信ください。
E-Mail：sales@bigal.co.jp

メリット

それぞれのサービスはクラウドによる月額利用サービスです。必要に応じた利用により、費用負担を最適化することが可能です。『高額なシステムを導入したが、運用できなかった。』といった問題とも決別できます。

お奨めしたいユーザー

自治体の土木・建築・農林・水道・教育関連部署。
建設業（土木・建築・設備）など。

DynaCADシリーズクラウド　建築・土木現場サポートサービス 現場で図面

弊社は建設分野に関する専門知識と、図面、写真、映像などの画像処理技術をベースに、電子自治体とCALS/ECに関連したソリューションを提供します。『DynaCADクラウド』と『現場で図面』は弊社が自信をもってお奨めするクラウドサービスです。3つの大きな特徴がございます。

①定額で利用できる
クラウドサービスなので、低額での利用が可能です。『DynaCADクラウド』シリーズは月額5,000円～、『現場で図面』は月額500円～ご利用いただけます。必要な時に、必要な期間だけ低額でご利用ください。

②『DynaCAD』シリーズは自治体・建設業を支援
公共事業において電子納品が推進されています。『DynaCAD』シリーズは電子納品に対応しているので、自治体様や建設業様が安心してご利用いただけます。全国約150の自治体様でご採用いただいており、使いやすいと大変好評です。

③紙図面を利活用
『DynaCADクラウド』シリーズにはラスタ編集機能が搭載されています。スキャニングした紙図面を合成・スケール調整・部分消去など豊富な編集機能で業務をサポートします。

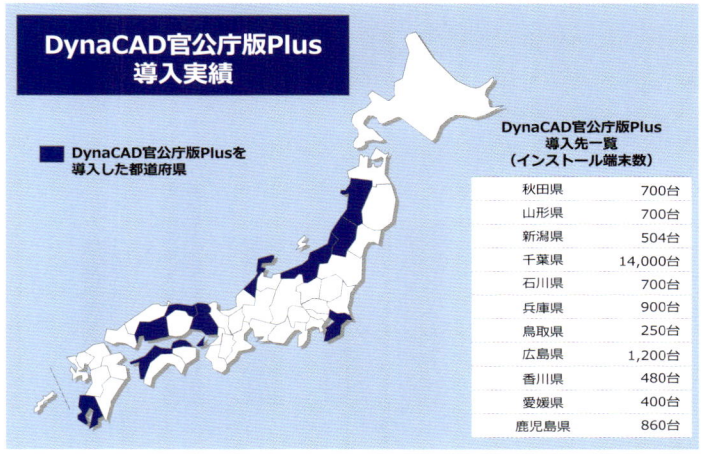

DynaCAD官公庁版Plus 導入実績

導入先一覧（インストール端末数）	
秋田県	700台
山形県	700台
新潟県	504台
千葉県	14,000台
石川県	700台
兵庫県	900台
鳥取県	250台
広島県	1,200台
香川県	480台
愛媛県	400台
鹿児島県	860台

Case Example

『DynaCAD 官公庁版 Plus』導入自治体様では、図面の電子化と図面データの保管・活用にご利用いただいております。
サービス提供だけでなく、図面の電子化に関わるご相談もお気軽にお問合せください。

『DynaCAD 官公庁版 Plus』（製品版）
秋田県庁・山形県庁・新潟県庁・千葉県庁・石川県庁・兵庫県庁・広島県庁・鳥取県庁・香川県庁・愛媛県庁・鹿児島県庁をはじめ、全国約150自治体様でご利用いただいております。

Company Profile

自治体/建設分野に関する専門知識とシステム開発力をベースにしたソリューションをご提供いたします。
今回ご紹介したサービス以外にも施設管理システムや個別システム開発・コンテンツ制作などもご提案いたします。

株式会社ビーガル

本社所在地：〒261-7124　千葉県千葉市美浜区中瀬2-6-1
　　　　　　ワールドビジネスガーデン マリブウエスト24F
TEL：043-239-7450　FAX：043-239-7260
http://www.bigal.co.jp
製品に関する問合せ先
担当部署：営業部
E-mail：sales@bigal.co.jp

パフォーミア・チームビルディングシステム

採用での「人材の見極め」の効率化・タレントマネジメントで人事を支援！
週毎の業績の「見える化」でチームを目標に導くマネジメント力を強化！

オンラインテストシステム：新卒・中途・外国人採用において、ミスマッチのない人材を見極め、組織内部において、社員の適性、能力、メンタルの把握をサポートするシステム。世界19ヵ国言語利用可。

スタッツブックシステム：チーム／個人それぞれの産み出す成果を、時間軸に沿って数値の統計グラフまたは累積グラフで「見える」化し、目標管理、行動管理をサポートするマネジメントシステム。世界19ヵ国言語利用可。

チームビルディング各種トレーニング：チームづくりのために、「人」に関する深い理解と洞察力を養い、システムから得られる情報を分析し、最大限に有効活用していく知識を学ぶトレーニング。成果や結果、完了した仕事を数値化してマネジメントしていく方法を学ぶ研修。

＜オンラインテストシステム＞
「生産性」「性格」「モチベーション」「知識」の４つの軸から、各々の企業が求める人材の基準に照らし合わせ、面接だけでは明らかにならず、採用してみて初めてわかる候補者の潜在的な傾向、仕事への取り組み方を採用前に予測し、効果的な見極めを行うことにより、採用のミスマッチを著しく減らします。既存社員に対しては、タレントマネジメントとしてご活用いただけます。

＜スタッツブックシステム＞
チームの成果や生産結果を、時間軸あるいは累計の統計グラフで「見える」化し、チームあるいは個人の産み出す数値が会社の目標に沿っているのか否かを管理します。管理者にとっては誰がうまくやっていて誰がうまくやっていないか一目瞭然になり、個人にとっては、自分が会社に対してどれだけの価値を産み出せているかを数値で知ることになります。

＜チームビルディングトレーニング＞
それぞれのシステムで得られる情報の分析とその背景となる理論を学び、実践と適用に導きます。

セールスポイント
システムを導入後、経営者・役員・人事が採用に費やすエネルギーと時間を大幅に短縮できます。トラブルメーカーを極力回避し、より良い人材が採用され、その結果、大幅な効率アップが見込めます。既存社員に対しては、長所・短所を把握し、適材適所に人材を配置することで、無駄な期待や的外れなマネジメントが減少し、人的ストレスが低減されます。

メリット
採用シーンにおいては、会社に益をもたらす人財、貢献する姿勢のある人材を見極めることができ、会社にとってデメリットになりうる人罪を回避することができます。マネジメントシーンでは、個人の適性・能力の把握および数値管理により、効果的な人材配置、生産性向上に直結するマネジメントが可能となります。

お奨めしたいユーザー
パフォーミア・チームビルディングシステムはさまざまな分野でご活用いただけます。実際に使われている業種はクリエイティブ、メーカー、サービス、飲食、教育、士業など多岐にわたっており、どの業種や業態であっても、基準が明確化できれば、一様に結果を出すことができます（但し、一部業種に関してはお断りさせていただくことがございます）。

PERFORMIA

チームビルディングに特化した弊社が、自信をもってお奨めするパフォーミア・チームビルディングシステムには３つの強みがございます

①あなたのチームを育成する：システムの真の価値は、その情報を実践で適用することにあります。チームビルディングトレーニングによって、正しい人材を見極められる人事評価者、チームを管理する術を心得た役員・管理職を育成します。

②あなたのチームを創造する：オンラインテストシステムが、採用のミスマッチを水際で防ぐ役割を果たします。「始めよければ、終わりよし」という諺があるように、システムから得られる情報をフル活用していただき、トレーニング修了者が的確な実践を行うことができれば、人選の精度は著しく向上します。「人」こそが会社の財産であり、「採用」こそが会社の将来を決める鍵となります。

③あなたのチームを管理する：スタッツブックシステムが、毎週、毎月、四半期、年間、累積でチームと個人の産み出す成果、生産結果を統計グラフで「見える」化します。目標やターゲットに向かう際の途中経過がわかるようになり、「転ばぬ先の杖」として、チームや個人に対する迅速な軌道修正が可能となります。

Case Example

＜ 資材商社　代表取締役 ＞
採用と社内研修で活用しています。採用では、面接ではわからないその人自身の本質を知ることができます。生産性を含め、あらゆる角度から人を見ることにより、どのような性格でどんな行動をするのか、募集職種に合っているのかを事前に見極めることができ、入社後のミスマッチの可能性を大幅に低減できています。

＜ 貿易商社　専務取締役 ＞
システムと研修の知識に基づき、基準に沿った人材とそうでない人材を比べた場合、仕事での理解のスピード、対応の早さ、かもし出す雰囲気、どれをとっても歴然とした差があることがわかりました。パフォーミアを導入したこの一年で、会社が活気づき、売上は54億円から74億円に伸びました。

広告代理店、ブランド輸入販売業、設計デザイン、リラクゼーション、エステサロン、理化学機器メーカー、ミニチュアメーカー、貿易商社、自動車メーカー、建設会社、建材商社、飲食店など国内60社以上（世界20,000社以上の導入実績）。

Company Profile

パフォーミアは、世界22ヶ国にオフィスを展開するチームビルディングのスペシャリストです。生産的な「チームづくり」を実現するべく、主に経営者・役員・人事のサポートを行っています。組織を確立するために、採用とマネジメントに焦点を当てたクラウドシステムと、それらを最大限に活用するための実践的なトレーニングを提供しています。

株式会社パフォーミア・ジャパン

本社所在地：〒430-0911　静岡県浜松市新津町280-1-607
TEL：053-589-4701　FAX：050-3737-2717
営業時間：9：30〜18：00
製品に関する問合せ先（お見積りなど）
担当者：渡辺 Mobile／090-3537-4701
担当者：森　 Mobile／090-9975-8550
E-mail：office@performia.jp
URL：http://performia.jp/

フリーウェイ来店ポイント

ポイントカードを無料で作れる！フリーウェイ来店ポイント

フリーウェイ来店ポイントは、クラウド型のポイントカードシステムです。専用端末や手数料なしで、気軽にポイントカードを始めることができます。

店舗で必要なのは、パソコンとスマホ（Android）だけです。NFCタグです。お客様は、スマホアプリをダウンロードして、店頭でスマホをかざすだけでポイントを加算できます。

初期費用は完全無料です。月額利用料は、ストックした顧客情報1,000人まで無料。1,001〜3,000人は、月額2,980円です。

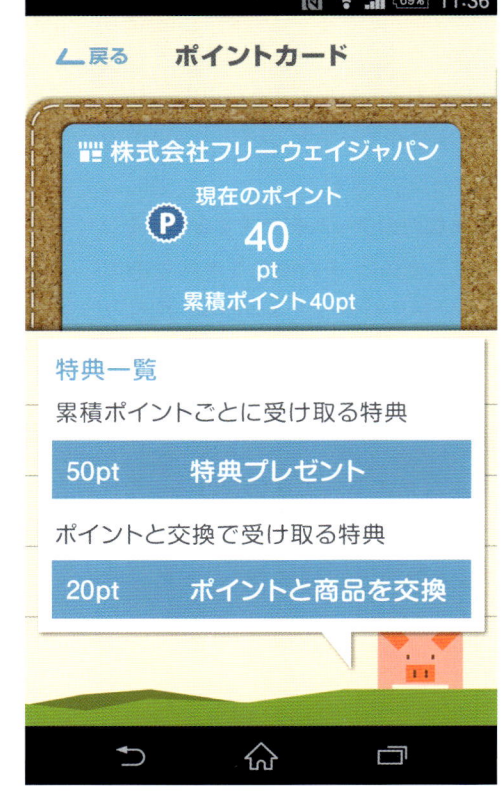

フリーウェイ来店ポイントは、クラウド型のポイントカードシステムです。高額な専用端末や手数料なしで気軽に始めることができます。

導入も簡単です。まず、パソコンでユーザー登録し、来店ポイントと特典の設定。あとは、QRコードを印刷、スマホ（Android）でNFCタグを読み込んで、店頭に飾るだけです。

お客様は、iTunesかGooglePlayでスマホアプリをダウンロードして、自分の情報を登録します。店頭では、アプリを起動し、QRコードかNFCタグにスマホをかざすだけで、ポイント加算または特典受取が可能です。

初期費用は、一切かかりません。月額利用料も無料です（ストックした顧客情報1,000人まで）。有料版でも、3,000人まで月額2,980円です。

※QRコードは、Androidユーザー向け。NFCタグは、iPhoneユーザー向け。

セールスポイント

■お客様が持ち歩くのはスマホだけ
紙や磁気カード、ICカードのポイントカードの場合、お客様は店舗ごとにポイントカードを持ち歩く必要があります。フリーウェイ来店ポイントなら、スマホ1台が全店舗のポイントカードになります。

■気軽に始められます
高額な専用端末や手数料、審査なしに利用できます。初期費用や利用料は発生しないため、「お試し」導入が可能です。

メリット

■お客様の来店を促進できます
商品購入やサービス利用ではなく、来店でお客様にポイントが加算されますので、来店促進が可能です。

■顧客データの収集が楽になります
お客様が店頭でスマホをかざすだけで、店舗のパソコンで顧客情報を確認できます。情報は、CSVファイルでダウンロード可能です。転記する手間がありません。

お奨めしたいユーザー

・これからポイントカードを作る予定。店舗独自のカードを作るか、有名なポイントカードに加盟するか悩んでいる企業様。

・ポイントカードを発行したことがあるが有効活用できなかった企業様。

・難しい機能はいらない。シンプルなサービスを使いたいという企業様。

弊社は「フリーウェイシリーズ」で個人事業主様や零細企業様をITで支える企業になることを目指しており、このたび来店ポイントカードを無料で作成できる「フリーウェイ来店ポイント」をご提供致します。「フリーウェイ来店ポイント」には3つの大きなポイントがございます。

① シンプル イズ ベスト！
複雑な手続きや難しい作業が必要な専用端末のご購入は必要ございません。必要なのはパソコンとアンドロイドのスマホだけです。お客様にアプリをダウンロードしていただくだけで、簡単にポイントカードの作成、ポイント加算等ができます。

② 費用は無料もしくは低額！
初期費用は全く不要です。顧客情報1000人まではランニングコストも無料です。通常の個人事業主様や零細企業様であれば、ほぼ費用をかけずにポイントカードを作成し、お使いいただくことができます。1001人以上になっても、3000人まで月額2,980円とランニングコストを抑えております。

③ お客様の来店促進、売上アップ！
初期費用・ランニングコストが無料もしくは低額ですので、その分、ポイント等でお客様に還元できます。そうすることでお客様の来店が促進されます。また、顧客データの収集・整理も楽にできます。

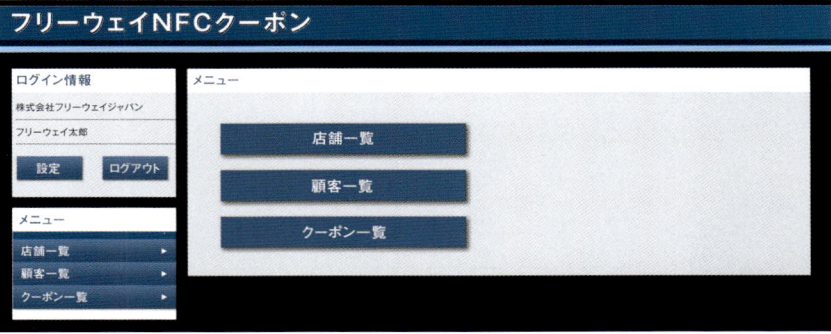

■ Company Profile

1991年創業の。会計事務所向けのソフトウエア開発から始まり、2009年よりクラウド事業に参入。現在は、個人事業主や中小企業向けに、無料で使える基幹系システム「フリーウェイシリーズ」を提供しています。同シリーズのラインナップは、経理・給与計算・タイムカード・販売管理・顧客管理・ポイントカード・税務申告など。

株式会社フリーウェイジャパン

本社所在地：〒162-0843　東京都新宿区市谷田町2-7-15
　　　　　　近代科学社ビル8階
TEL：03-6675-9753　FAX：03-6675-9749
http://www.freeway-japan.com/
製品に関する問合せ先（お見積りなど）
担当部署：サポートセンター
TEL：03-6675-9753　E-mail：info@freeway-japan.com

フリーウェイタイムレコーダー

10人まで完全無料！
手持ちのICカードを使える勤怠管理システム。

フリーウェイタイムレコーダーは、クラウド型の打刻システムです。打刻する際は、パソコンにカードリーダーをつなげて、タイムカードをかざすだけ。出退勤、休憩の時刻が記録されます。
勤務実績を確認する際は、管理画面上で見るか、PDFまたはCSVファイルで出力してください。
利用に必要なのは、パソコン、ICカードリーダー「パソリ」、打刻用のタイムカードです。タイムカードでは、従業員の方にすでに持っているICカード、スマートフォン（おサイフケータイ対応）をご利用いただけます。
※パソリは、3,000円ほどで市販されています。
※対応ICカードの例
Suica、nanaco、waon、TOICA、ICOCA、PASMO、PiTaPa、おサイフケータイ、Kitaca、SUGOCA、nimoca など

フリーウェイタイムレコーダーは、クラウド型の打刻システムです。パソコンに接続したリーダーにICカードをかざすだけで、従業員の出退勤時刻を記録できます。

勤務実績の確認は、管理者の方がパソコンで。PDFかCSVファイルで出力にも対応しています。CSVは、当社の給与計算ソフト「フリーウェイ給与計算」と連動が可能です。

費用は、登録できる従業員数10人まで無料、11人から20人まで月額980円です（※従業員数が10名ふえるごとに月額利用料が500円加算）。
有料版をお申込みの方には、カードリーダーを1台プレゼント致します。

セールスポイント

■ **誰でもカンタンに使えます**
フリーウェイタイムレコーダーの操作画面は、とてもシンプルです。機能を「あれもこれも」ではなく「必要なだけ」に絞っています。「設定箇所が多くて面倒…」といった悩みも解決可能です。

■ **無料の給与計算ソフトと連動できます**
従業員5人まで無料の給与計算ソフト「フリーウェイ給与計算」と連動できます。労働時間を給与ソフトに入力する手間が省けて、さらなる業務効率化が可能です。

メリット

■ **集計作業の短縮**
紙のタイムカードを使っている場合、どうしても労働時間の集計に手間がかかります。フリーウェイタイムレコーダーなら、ボタン1つで完了です。

■ **コスト削減**
タイムカードのシステムは、専用端末など初期投資が必要な場合があります。フリーウェイタイムレコーダーなら、新たに必要なのはICカードリーダーだけ。あとは、すでにお手持ちのパソコンやICカードリーダーをご利用いただけます。

お奨めしたいユーザー

■ **紙のタイムカードをやめたい方**
クラウドに限らず、紙ではなくソフトウエアの導入を検討している方にオススメです。フリーウェイタイムレコーダーなら、初期投資にかける費用を最小限に抑えられます。

■ **既存システムのコスト削減したい方**
フリーウェイタイムレコーダーは、従業人10人まで完全無料でお使いいただけます。他のクラウドシステムに支払っている月額利用料などの削減が可能です。

■ Company Profile

1991年創業。会計事務所向けのソフトウエア開発から始まり、2009年よりクラウド事業に参入。現在は、個人事業主や中小企業向けに、無料で使える基幹系システム「フリーウェイシリーズ」を提供しています。同シリーズのラインナップは、経理・給与計算・タイムカード・販売管理・顧客管理・ポイントカード・税務申告など。

株式会社フリーウェイジャパン

本社所在地：〒162-0843 東京都新宿区市谷田町2-7-15
　　　　　　近代科学社ビル8階
TEL：03-6675-9753　FAX：03-6675-9749
http://www.freeway-japan.com/
製品に関する問合せ先（お見積りなど）
担当部署：サポートセンター
TEL：03-6675-9753　E-mail：info@freeway-japan.com

情報共有ツール コラボノート for クラウド

いつでも、どこからでも、誰もがクラウド上で情報共有できるオンライン・ホワイトボード

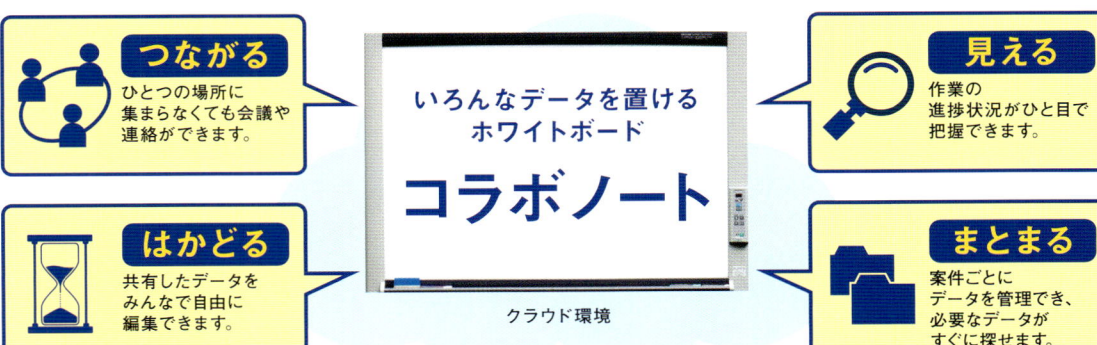

新たに設備を用意することなくご利用いただけるクラウドサービス。
是非お試しください！

■ **会議の効率化に！**
事前に会議資料を共有することで、会議を効率化できます。議事録を保存し、参加者名にチェックボックスをつけることで、会議情報の共有、回覧をスムーズに行うことができます。

■ **定例報告の一括管理に！**
ホワイトボード上に、支店ごとの月別報告欄を設定して定例報告を一括管理。未報告の支店がわかることはもちろん、他支店の報告内容が見えるため、支店間の競争意識もアップできます。

■ **お客様からの問い合わせ対応に！**
お客さまからの問い合わせをホワイトボード上で管理。個別に対応状況と結果の「見える化」が進み、未処理案件の確認や模範的対応のスキルの共有もできます。

セールスポイント
- 1利用者あたりのお手頃な月額料金で提供致します。
- SSL暗号化による安全なデータのやりとりをするため、情報漏えいの心配はありません。
- 「安全・安心」なデータセンターで運用・保守を実施しますので手間がかからず、安心してお使いいただけます。
- スマートフォンやタブレットでもご利用いただけますので、外出先から情報を発信したり閲覧したりすることができます。

メリット
- いろいろな端末で"つながる"から、いつでも、どこにいても会議ができます。
- 進捗状況が"見える"から、納期前にあわてることはありません。
- 文書の共有・編集で"はかどる"から、時間をかけて会議をする必要がありません。
- いろいろな文書が案件ごとに"まとまる"から、書類の整理で苦労することはありません。

お奨めしたいユーザー
- みんなが忙しくて、なかなかミーティングに集まれない企業様。
- プロジェクトの進捗状況がまったく見えない企業様。
- ようやく会議ができても時間が足りず結論が出ない企業様。
- 業務履歴書類の管理がバラバラで整理がたいへんな企業様。

Company Profile

JR 鉄道情報システム株式会社

全国の「JRみどりの窓口」でおなじみの座席予約・販売システム。JRシステムは、稼働率99.999%を誇る日本最大規模のオンライン・リアルタイム・システムの運営で培ってきたノウハウを活用し、ミッションクリティカルな品質基準に応える「安全」「安心」のデータセンターサービスを展開しています。

所在地：〒151-0053 東京都渋谷区代々木2-2-6
TEL：03-5334-0686　FAX：03-6694-4022
http://www.jrs.co.jp/
製品に関する問合せ先（お見積りなど）
担当部署：第二営業企画部　営業開発課
担当者：コラボノート担当
TEL：03-5334-0686　E-mail：cb@jrs.co.jp

フリーウェイ給与計算

5人まで完全無料！
年末調整もできる給与計算ソフト「フリーウェイ給与計算」

フリーウェイ給与計算は、クラウド型の給与計算ソフトです。給与計算ソフトにありがちな、面倒な設定はありません。画面のデザインもシンプルなため、操作もカンタンです。もし分からないことがあっても、丁寧な操作マニュアルをご用意しております。

初期費用は、一切かかりません。Internet Explorerを使えるパソコンがあれば、今すぐお使いいただけます。月額利用料も、従業員5人まで無料です。6人以上は、何人になっても月額1,980円。無料版は、初年度だけではなく次年度以降もご利用いただけます。つまり、フリーウェイ給与計算は、永久無料の給与計算ソフトです。

毎月、出力する給与明細など。一部の給与計算ソフトでは専用用紙を購入する必要がございますが、フリーウェイ給与計算は違います。白紙のプリンタ用紙にそのまま印刷すれば、専用用紙のようなキレイな帳票を印刷できます。

> フリーウェイ給与計算は、クラウド型の給与計算ソフトです。給与・賞与計算、社会保険、年末調整の機能を無料で利用できます。

> 給与明細、賞与明細は白紙のプリンタ用紙に印刷できます。専用用紙の購入は不要です。当社の勤怠管理ソフト「フリーウェイタイムレコーダーを」使えば、労働時間の入力作業から解放されます。

> 費用は、従業員5人まで無料、6人以上は何人でも月額1,980円です。もちろん、無料版に利用期間の制限はありません。5人以下であれば、永久無料です。

セールスポイント

■ 誰でもカンタンに使えます
操作画面は、とてもシンプルです。ごく一部のユーザーしか利用しない機能は付けず、多くのユーザーが「欲しい」と思う機能に絞っています。

■ 無料の勤怠管理ソフトと連動できます
従業員10人まで無料の勤怠管理ソフト「フリーウェイタイムレコーダー」と連動できます。詳細は、本紙の別ページをご覧ください。

メリット

■ コスト削減できます
必要なのは、Internet Explorerを使えるパソコンだけです。初期費用は完全無料で、従業員5人まで月額利用料も無料になっています。6人以上でも、月額1,980円です。

■ 業務効率化できます
クラウド型のため、インターネット環境さえあれば、どこでも給与計算ができます。会社、お店のパソコンだけではなく、外出先や自宅のパソコンでも利用可能です。

お奨めしたいユーザー

■ はじめて給与計算ソフトを使う方
給与計算ソフトは、導入直後の設定に手間がかかる場合があります。そうすると、せっかくソフトを使おうと思ったのに断念することになりかねません。フリーウェイ給与計算は、面倒な設定なしに利用できます。

■ 既存システムのコスト削減したい方
フリーウェイ給与計算は、従業人5人まで完全無料で使えます。初期費用もかかりません。コスト削減を検討している方にオススメです。

Company Profile

1991年創業。会計事務所向けのソフトウェア開発から始まり、2009年よりクラウド事業に参入。現在は、個人事業主や中小企業向けに、無料で使える基幹系システム「フリーウェイシリーズ」を提供しています。同シリーズのラインナップは、経理・給与計算・タイムカード・販売管理・顧客管理・ポイントカード・税務申告など。

株式会社フリーウェイジャパン

本社所在地：〒162-0843　東京都新宿区市谷田町2-7-15
　　　　　　近代科学社ビル8階
TEL：03-6675-9753　　FAX：03-6675-9749
http://www.freeway-japan.com/
製品に関する問合せ先（お見積りなど）
担当部署：サポートセンター
TEL：03-6675-9753　　E-mail：info@freeway-japan.com

e-works勤怠管理システム

勤怠管理の最高峰！　高機能＆低価格！
就業管理作業からの解放と労働生産性の向上を実現

勤怠管理の最高峰！
専業メーカーだから出来た高機能・高品質

最少投資で構築・社内運用！
社内でもクラウドでも勤怠管理サーバーの構築が可能です。打刻する場所が社内でも、外出先であっても、状況に合わせた打刻システムをご提供致します。拠点同士がLAN接続されていない環境でも廉価にシステム構築が可能です。

多彩で柔軟な機能！
企業サイズの拡大に合わせてシステムの利用範囲を徐々に無理なく拡大できます。平成22年度施行の改正労働基準法にも対応済みなので60時間超の残業時間や、時間単位年休の導入も可能です。

社員にも管理者にも使い易いシステム！
社員は、1つの画面で届出申請、実績確定の操作ができます。色々な画面を操作する必要はありません。自動承認機能の設定で、残業のある日だけ手動で日次承認を行うなど承認者への負担を軽減できます。

■ 社員
[勤務表入力]
打刻と連動し、遅刻、早退、残業等を自動計算し、入力省力化を実現。

[勤務表照会]
月次集計値をリアルタイムで表示。その場でPDFファイル出力が可能。

[各種届出]
残業、有給休暇、振出／振休、代出／代休の届出申請は、勤務表入力画面で一元管理。
有休、振休、代休は、有効期限と利用可能な残数を管理。

[打刻]
ICカードによるタイムレコーダー打刻や、PCやスマートフォンを利用したWEB打刻など多彩な打刻システムに対応。

■ 管理者
[承認機能]
承認は、日次承認、月次承認が可能。自動承認機能により承認作業の省力化が可能。承認権限、承認対象者、承認規則などは、人事異動の前後でも履歴管理で適切に反映。

[シフト作成]
工場や、ホテルなど多様な勤務パターンに対応したシフト作成をサポート。

[代理入力]
代理入力者を立てることにより、従業員本人に代わり勤務表の入力が可能。

[スマホ承認]
モバイル端末（スマートフォン又はタブレット）を利用して外出先からでも承認作業が可能。

■ 人事・総務部門
[給与データ出力]
月次集計結果をCSVファイルにて出力。出力項目は、計算式等によりカスタマイズが可能。項目の出力順序も編集可能。

[メール通知]
残業時間や、承認状況により従業員本人やその管理者に対してメール通知が可能。

[有休休暇自動付与]
勤続年数に応じた日数の付与や、半休、時間休の取得制限が可能。
入社日別の個別付与や、年度初めにおける一括付与の設定も可能。

セールスポイント
高機能なのに低価格。すでに多くの大手企業が導入しており、実務レベルで満足度と使い易さを追求したソリューションです。勤怠管理に特化した専門業者のノウハウを活かしたパッケージ商品です。システム機能を操作できるパラメータを設ける事で、大手から中小企業までさまざまな機能の違いに対応し、要望を満たすカスタマイズが可能です。

メリット
勤怠データ入力・集計などの時間と労力を軽減して、面倒な勤怠管理の事務作業から解放されます。リアルタイムで勤怠管理・情報確認ができるようになります。勤怠データを分析し、業務見直しや残業指導に活用できます。従業員の残業にメスを入れ、労働生産性の向上を実現！コンサルタントによるスムーズなシステム導入を支援！残業代・未払賃金訴訟などのリスク回避にも貢献！

お奨めしたいユーザー
中小から大手企業まで利用できるパラメータドリブン設計なので、複雑な運用にも耐える事ができ、多店舗多拠点展開企業、グループ企業にお奨めです。企業外部の業務ウェイトが増え、申請・承認・打刻など企業内外を問わず一元的に管理したい企業にもお奨めです。

■ Company Profile

弊社は、本当に役立つ勤怠管理システムをお客様にご提供することを企業ミッションとし、勤怠管理の専業メーカーとして機能性の高いパッケージソリューションと安心できるサービスをご提供し、「e-works勤怠管理システム」の開発・保守・販売に邁進して行く所存です。業界No.1を目指します。

株式会社イーワークス

本社所在地：〒102-0093　東京都千代田区平河町2-5-7
　　　　　　ヒルクレスト平河町 1F
TEL：03-6273-2578　FAX：03-3262-4843
http://www.eworks-web.com/
製品に関する問合せ先（お見積りなど）
担当者：石川 昇（イシカワ ノボル）、何 子鵬（カ シホウ）
TEL：03-6273-2578　E-mail：info@eworks-web.com

フリーウェイ顧客管理

自由に項目設計できて無料！
クラウド型の顧客管理ソフト「フリーウェイ顧客管理」

フリーウェイ顧客管理は、クラウド型の顧客管理ソフトです。顧客情報のデータベースを作るだけでなく、さまざまなDBを作り、すぐ共有できます。

初期設定で用意されている雛形を使うもよし、テンプレートを使わずに全て自分で作るもよし、項目を自由に設定できます。

導入に必要なのは、GoogleChromeかSafariを利用できるパソコンと、Googleアカウントのみ。タブレットやスマホでも使えますが、現時点では「検索」機能のみ提供しています。

初期費用は、一切かかりません。月額利用料も無料です（3ユーザーでの共有、データ容量100MBまで）。有料版の月額利用料は2,980円からで、4ユーザーでの共有、容量1GBまで利用できます。以降、ユーザー追加ごとに月額500円、容量1GB追加ごとに月額1,000円が加算されます。

※画像は取り込めません。入力できるのはテキストのみです。

> フリーウェイ顧客管理は、クラウド型の顧客管理ソフトです。顧客データだけではなく、あらゆるデータベースを自由に設計、作成して公開できます。

> 対応ブラウザは、GoogleChromeとSafariです。同ブラウザが動くパソコンやタブレット、スマートフォンでご利用いただけます。一部タブレットやスマートフォンで動作するのは「検索」機能です。

> 初期費用は完全無料です。月額利用料は、3ユーザーでの共有、データ容量100MBまで無料です。有料版では、4ユーザーでの共有、容量1GBまで月額2,980円です。

セールスポイント

■ 直感的な操作で誰でも簡単にデータベースを作れます
フリーウェイ顧客管理は、難しい知識を必要としません。直感的な操作だけで顧客管理システムを作ることができます。

■ 一画面で複数のデータベースを閲覧・入力・訂正できます
ひとつのデータを参照しながら他のデータを入力・修正できます。顧客管理データを見ながら、セミナー参加者リストを作るといったことも可能です。

メリット

■ 作ったデータベースをすぐに共有できます
設計から1時間後に使えるシステムを目指しています。今すぐ欲しいという場合のために、今まで使っていたExcel、CSVデータを取り込むことも可能です。クラウドですから、共有も簡単。共有したい相手のメールアドレスを入力するだけです。

お奨めしたいユーザー

■ 簡単にデータベースを作って共有したい方
フリーウェイ顧客管理なら、直感的な操作だけでDBを作ることができます。共有するときも、相手のメールアドレスを入力するだけ。高度な知識や手間のかかる作業は、一切ありません。

■ Company Profile

1991年創業。会計事務所向けのソフトウエア開発から始まり、2009年よりクラウド事業に参入。現在は、個人事業主や中小企業向けに、無料で使える基幹系システム「フリーウェイシリーズ」を提供しています。同シリーズのラインナップは、経理・給与計算・タイムカード・販売管理・顧客管理・ポイントカード・税務申告など。

株式会社フリーウェイジャパン

本社所在地：〒162-0843　東京都新宿区市谷田町2-7-15
　　　　　　近代科学社ビル8階
TEL：03-6675-9753　FAX：03-6675-9749
http://www.freeway-japan.com/
製品に関する問合せ先（お見積りなど）
担当部署：サポートセンター
TEL：03-6675-9753　E-mail：info@freeway-japan.com

WIELD（ウィールド）

起業した方の低価格・自作ホームページ作成CMS

WIELDは一般に公開するホームページ【ユーザーサイト】とそのホームページを作る【管理者サイト】で構成され、ホームページに掲載する文章や画像などのコンテンツは【管理者サイト】より登録して一元的に管理し、【ユーザーサイト】からの要求に応じて管理しているコンテンツを自動的に表示する仕組みです。

WIELDは自分で簡単にホームページを作成・更新でき、同時にスマホ、携帯サイトも持つことができます。また問合わせフォームの設定や自動返信メール、返信管理、来店・イベント予約機能などの集客機能を装備しています。

その他、SEO対策、各ページの滞在時間やページの閲覧履歴を把握できる独自アクセス解析、サイトマップ自動作成、SNSとの連携など、ホームページを運用するなかで便利な運用ツールが盛りだくさんあります。標準パックでは初期費用29,800円、月額4,900円で機能的なホームページを持つことができます。

自分で簡単にホームページの作成・更新ができ、問合せフォーム、来店・イベント予約受付機能、多言語登録機能、SEO対策、独自ドメインメールアドレスなど、ホームページの運用に必要な機能を標準で装備しています。

スマホサイト、携帯（ガラケー）サイトにも対応。作成したページはパソコンサイトだけでなく、システムで自動変換し、スマホ・携帯専用の問合せや予約を受け付けるホームページを同時に持つことができます。

業界トップクラスの**低価格**
月額 **4,900**円（税別）
1日あたり**158円**
ホームページがすぐに作れて更新もカンタンにできる！

業界トップクラスの低価格。初期費用29,800円、月額4,900円でシステム利用料、WEBサーバー代も込みですべての機能が使い放題。独自ドメインの取得、独自ドメインメールアドレス（5個）も無料。

セールスポイント

ホームページの作成はゴールではなく、そこからがスタートです。顧客開拓や売上アップに貢献するホームページにするためには、見た人がコンタクトしやすい機能と、ページ更新や問合せ管理機能など運用しやすい機能が必要です。SEO対策も装備していますので、検索エンジンからのアクセスも多く、スマホや携帯サイトも同時に持つことができるため、幅広く情報を発信することができます。

メリット

ホームページについてよく分からない方でも、簡単にホームページを作ることができ、ページを作成すると、SEO対策に必要なファイルなども自動的に作成され、検索エンジンにページが作成されたことを知らせる機能もあるため、魅力的な記事を書くことに専念できます。ページの滞在時間や離脱ページなどの情報を把握できる機能で、ホームページを訪れた方のニーズを収集し、ページ作成の参考になります。その結果、作成したホームページが商売に役立つホームページに育っていきます。

お奨めしたいユーザー

独立・開業した起業家の方など、多額の費用をかけずにホームページを作成したい方、独自アクセス解析で訪問者のニーズを把握しながら、ホームページをどんどん良いものにしていきたいとお考えの方にお奨めです。来店予約機能は飲食店やサロンなどの実店舗で営業されている方に、イベント予約機能はイベント企画会社やセミナーを開催する税理士などの士業の方に便利な機能です。観光地など、外国の方にも情報を発信したい方には、多言語登録機能があるためお奨めです。

■ Company Profile

弊社は日本一親切なシステム会社を目指す大阪のシステム開発会社です。Microsoft Accessを活用した業務システムの開発やWebサービスの提供など、これまで数多くの案件に対応し、ご好評いただいております。業務上のお困り事を解決するため、お客様視点で最適なシステム導入の提案から開発まで、システムに関することはトータルにサポート致します。

エスエイチラボ株式会社

本社所在地：〒536-0014 大阪府大阪市城東区鴨野西3-5-31
TEL：06-6657-5230　FAX：06-6657-5231
http://www.shlab.jp
製品に関する問合せ先（お見積りなど）
担当部署：WIELD事業部
担当者：橋本
TEL：06-6657-5230　E-mail：support@wield.jp

SHLab

フリーウェイ販売管理

3ユーザーで共有できて無料！
販売管理ソフト「フリーウェイ販売管理」

フリーウェイ販売管理は、クラウド型の販売管理ソフトです。売上伝票、請求書、入金伝票の作成と出力をインターネット上で処理できます。分析に必要な各種レポートも、PDFファイルで出力可能です。
導入に必要なのは、Internet Explorerを利用できるパソコン、またはスマートフォンです。スマートフォンで使える機能は、情報の照会のみ。GPSを使って、現在地付近の得意先を地図上に表示します。
初期費用は、一切かかりません。月額利用料も、3ID、1,000伝票の出力までなら完全無料。4ID、1,001伝票以上の場合は、月額2,980円で利用できます。以降、伝票数は無制限です。さらにIDを追加する場合のみ、追加1IDごとに月額1,000円が加算されます。

※レポートの種類
売上明細表、売上日報、売上月報、売上推移表、売上順位表、売上伸び率順位表、売上分析表

フリーウェイ販売管理は、クラウド型の販売管理ソフトです。売上、請求、入金業務をインターネット上で処理できます。各種レポートの出力も可能です。

必要なのは、パソコンとスマートフォンだけです。スマートフォンで使える機能は、得意先情報の照会のみのため、パソコンのみでも使えます。

初期費用は完全無料です。月額利用料は、3ID、1,000伝票の出力までなら、無料になります。4ID以上、1,001伝票からは、月額2,980円で利用が可能です。

セールスポイント

■ 誰でもカンタンに使えます
操作画面は、とてもシンプルです。ごく一部のユーザーしか利用しない機能は付けず、多くのユーザーが「欲しい」と思う機能に絞っています。

■ 無料の会計ソフトと連動できます
ずっと無料で使える会計ソフト「フリーウェイ経理Lite」と連動できます。フリーウェイ販売管理から出力したCSVファイルを会計に取り込むことで、会計データ入力の手間を省くことができます。

メリット

■ 業務効率化できます
フリーウェイ販売管理なら、顧客情報、販売履歴等、営業社員が欲しい情報を、いつでも、どこからでスマートフォンで確認できます。
顧客の地図表示機能はもちろん、GPSを使い、営業社員の位置情報から一番近い顧客の表示も可能です。

■ 知りたい情報をどこでも確認できます
経営者や管理者が知りたい情報（レポート）を瞬時に取り出して活用できます。

お奨めしたいユーザー

■ はじめて販売管理ソフトを使う方
はじめてソフトを使うなら、利用期間に制限のないソフトが最適です。使おうと思ってから実際の開始までは、時間がかかる場合もあります。フリーウェイ販売管理の無料版には、期間の制約はありません。

■ Company Profile

1991年創業。会計事務所向けのソフトウエア開発から始まり、2009年よりクラウド事業に参入。現在は、個人事業主や中小企業向けに、無料で使える基幹系システム「フリーウェイシリーズ」を提供しています。同シリーズのラインナップは、経理・給与計算・タイムカード・販売管理・顧客管理・ポイントカード・税務申告など。

株式会社フリーウェイジャパン
本社所在地：〒162-0843　東京都新宿区市谷田町2-7-15
　　　　　　近代科学社ビル8階
TEL：03-6675-9753　　FAX：03-6675-9749
http://www.freeway-japan.com/
製品に関する問合せ先（お見積りなど）
担当部署：サポートセンター
TEL：03-6675-9753　　E-mail：info@freeway-japan.com

info Builder

インフォビルダー
[SNS連携が可能な高機能CMS]

ホームページは「会社の顔」そのもの。
専用画面からいつでもホームページが更新できます！

＜提供される機能＞ 管理者専用ダッシュボード、記事投稿管理機能、カテゴリー管理機能、ファイル管理機能、SNS連携管理機能、アカウント情報管理機能、アクセス分析機能、問い合わせ機能、その他。

ホームページは企業やお店のもうひとつの顔です。そこにある情報や更新頻度から与えるイメージや印象が、企業やお店のブランド構築を進めていきます。主要SNSと同時投稿ができるインフォビルダーがお役に立ちます。

新規でホームページを構築する場合の導入はもちろん、すでにホームページを運営されている場合でも、今のサイトデザインを崩すことなく、最新のお知らせ更新システムを導入・運用することが可能になります。

info Builder は、ホームページの運用には欠かせない「お知らせ（最新情報など）」を、ご契約者様が自分でカンタンに投稿・更新することができる CMS 製品（コンテンツ・マネジメント・システム）です。
お知らせの投稿・更新の各機能に特化させたことで、これから新しく構築するホームページはもちろん、すでに運営済みのホームページにも、今のデザインを崩すことなく導入することができます。
最大の特徴は、FacebookやTwitterなどの主要SNSに対して記事を同時投稿できること。一度の投稿作業で自社ホームページと主要SNSの両方に記事を同時投稿することができ、Web担当者様の作業負担や時間を大幅に削減できます。
また、info Builderを初めて操作する方に優しいインターフェイスと使い勝手を備えており、HTMLやCSS等の詳しい知識なしで自在に操作することができます。
画像付き記事の投稿をスマートフォンアプリから行えるサービスもリリース予定（2015年・夏）です。より幅広いニーズや用途にもお応えします。

セールスポイント

旬な情報を自分でタイムリーに投稿・更新できるとともに、主要SNSへの同時投稿を可能にすることで、より高い情報リーチを目指した「普段使いのCMS（コンテンツ・マネジメント・システム）」となっています。
テキスト情報はもちろん、画像や添付ファイルまで、管理画面からWord感覚の簡単操作で高品位な記事情報が作成でき、投稿・更新ができます。

メリット

info Builderを使い続けていくことで、自社ホームページとSNSが相まったより多くの情報リーチとブランド確立を進めてくことができます。
こうしたお知らせ情報の投稿や更新を外部の制作会社に委託している場合に比較して、info Builderの月額利用料の範囲で何度でも記事の投稿・更新を行うことができるため、経費削減効果も期待できます。

お奨めしたいユーザー

企業やお店のホームページへ単独導入することを前提としたCMS製品ですが、CMSを複数必要とする企業本社様やチェーン本部様などの多拠点向けニーズにも独自仕様のカスタマイズまで含めて、ご相談ください。
2015年夏には、画像付き記事をスマートフォンアプリから投稿できるサービスも加わりますので、お店や現場からの情報投稿・更新にも最適です。

■ Company Profile

インクレイブ株式会社

仙台・東京に拠点をもつITプロダクト企業です。マーケティング技術に基づくWEB構築やシステム開発など受託事業の他、自社開発のIT製品でプロダクト事業を展開し、顧客は全国41都府県に及びます。グループには、これらIT製品や新技術に関するリサーチ＆デブロップメント機能に特化した100％出資の「インクレイブR&D 株式会社」があります。

本社所在地：〒980-0801 宮城県仙台市青葉区木町通2-1-18
　　　　　　ノース・コアビル8階
TEL：022-796-6101　　FAX：022-796-6102
http://www.incrave.co.jp
製品に関する問合せ先（お見積りなど）
担当部署：本社　担当者：塩野・栗野
TEL：022-796-6101　　E-mail：web_contact@incrave.co.jp

INCRAVE

勤怠管理システム『e-就業ASP』

タイムマネジメントでコストマネジメント

サーバやＰＣへのインストールが不要なため、システム導入から運用開始まで短期間で行うことができ、さらに管理、メンテナンスなどの技術要員が不要です。これにより総務人事部門のみでの運用も可能です。
法改正等にも随時対応し、常に最新のアプリケーションに更新しています。入力したデータはリアルタイムに反映されるため、社員の勤務状況が即座に把握可能です。
PC・スマートフォン・タイムレコーダなど、打刻方法も豊富で併用も可能です。支店や工場などの勤務報告も一元管理でき、シフトやフレックスなど、さまざまな勤務形態にも対応しておりますので、お客様の環境に合わせた運用が実現できます。給与システムとの連携もできますので、給与業務もスムーズに行うことができます。
実運用に近い形での評価環境のご提供もできますので、ぜひ一度お試し下さい。

『柔軟な設定で様々な就業規則に対応可能』
固定勤務、フレックス、時給等の勤務区分を100種類以上設定でき、また就業規則に合わせて、有休の自動付与や休出・代休・振休の発生、取得、有効期限管理も行うことができます。

『プロジェクト別作業実績管理（オプション）』
勤怠管理と同時にプロジェクト毎の実働時間や経費入力が可能です。画面・帳票・CSVで、閲覧・抽出でき、また原価管理システム等へ集計データの応用も可能です。

『自由度の高いカスタマイズ』
e-就業は一般的な機能を取りそろえておりますので、そのままでもご利用頂けますが、特有の就業規則や、管理方法など、ご要望に合わせてカスタマイズが可能です。

セールスポイント
導入検討時から稼働時まで、労務管理に強い営業担当者が手厚くフォローし、稼働後はサポートセンターで操作方法や、運用変更、カスタマイズのご相談を承っております。
きめ細やかな対応が評価され、サポートに対する顧客満足度は90％です。
また、「e-就業ASP」の継続使用率は92％を誇ります。

メリット
手間の掛かるexcel管理をシステム化する事で、勤務状況をリアルタイムに把握できるだけでなく、36協定に準じた集計や60時間超集計にも対応しています。残業アラート＆メール通知機能で、従業員の残業過多抑止や健康障害防止、コスト削減に効果を発揮いたします。有給休暇の自動管理や給与データの作成を短時間ででき、人事・総務部門の集計作業・管理業務の負担が軽減され、効率も上がります。

お奨めしたいユーザー
・エクセルでの運用をやめたい企業様。
・勤務状況をリアルタイムに把握したい企業様。
・人事、総務担当の負荷を軽減したい企業様。
・勤怠管理システムを迅速・安価に導入したい企業様。
・サーバ管理できる方がいない企業様。
・自社の就業規則に合わせた管理をしたい企業様。
・勤怠と一緒にプロジェクト工数の管理をしたい企業様。
・導入後もしっかりとしたサポートを受けたい企業様。
※全業種のお客様を対象にサービスをご提供いたします。

■ Company Profile

昭和44年創立から幅広い分野で実績のあるソフトウエア開発会社。大手メーカー様との取引を始め、多くの企業様との取引実績があり、ASPサービス・パッケージ製品開発販売・デジタルサイネージコンテンツ配信サービスなど、事業を拡大して参りました。これまでのノウハウを活かしてお客様へ満足をご提供いたします。

株式会社ニッポンダイナミックシステムズ

本社所在地：〒154-0015　東京都世田谷区桜新町2-22-3 NDSビル
TEL：03-3439-2001　FAX：03-3439-4811
http://www.nds-tyo.co.jp
製品に関する問合せ先（お見積りなど）
担当部署：ＳＢ事業グループ
担当者：久保・柴崎・西村
TEL：03-3439-2001　E-mail：solution@nds-tyo.co.jp

Mail Manager
メールマネージャー [HTMLメール配信システム]

メール会員構築と分析もすべて自動化。
ナイスな"HTMLニュースレター"をいつでも何度でも！

＜提供される機能＞ ダッシュボード、会員登録API、会員DBアップロード機能、会員管理・分析機能、HTMLメールテンプレート機能、独自テンプレート登録機能、配信管理機能、スコア機能、アカウント管理、その他。

顧客を固定ファンへと育成していくメール会員向け販促の重要性はますます高まっています。テキストメール配信はもちろん、インパクトと訴求力を必要とする高品位なHTMLメールを自在に配信できるASPサービスです。

ホームページ上や紙媒体、イベントなどを通じて申し込まれたメール会員をMail Managerが自動的にデータベース化。付属のHTMLメールテンプレートを活かすことで高品位なHTMLメールをいつでも会員向けに配信できます。

Mail Managerは、会員構築からHTMLニュースレター配信、そして効果測定までをパッケージ化し、会員向けに継続的なメールマーケティングを実現するために生まれた「メール会員構築機能付き・HTMLメール配信システム」です。

配信先として必要なメール会員の構築は、自社ホームページや紙媒体、イベントなどから恒常的に募集していくことで、会員構築状況や推移、会員特性などがリアルタイムに把握できることはもちろん、配信先データベースとして自動構築していきます。

インパクトと訴求力が必要なHTMLメールの作成には、標準搭載のテンプレートを自社用に置き換えて作成（テキストと画像など）するだけで、高品位なHTMLメールをつくり出すことができますので、専門知識を用いてゼロからHTMLメールを制作する必要がありません。もちろん独自に制作したHTMLメールも登録して使用が可能。

配信結果や効果もダッシュボードからリアルタイムに確認できる他、これらスコアを毎日メールで自動報告する機能も搭載。忙しい担当者様にも最適です。

セールスポイント
大手ブランドでは当たり前となっているビジュアルと訴求性に優れた画像つきメール（HTMLメール）。同水準の運用に必要となる、会員構築からメール配信・効果測定まで、そのすべての機能を安価なASPサービスとして提供するのが、Mail Managerです。パソコンやスマートフォンなど、受信デバイスに最適化されたキレイなHTMLメールを、いつでも配信できます。

メリット
会員構築を継続的に進めていくことによって、顧客の特性（男女・年齢層など）を把握でき、販促企画にも役立ちます。これらを活かしたセグメント配信も可能。配信後に提供される各レポート（配信成功数や不達数、URL開封率など）を分析することで、会員動向などを把握できるので、効果的なメールマーケティング活動の流れを手に入れることも期待できます。

お奨めしたいユーザー
エンドユーザー向けに効果的なメールマーケティングを実現したい小売店や中小企業などにとって、安価で最適なASPサービスとなっています。数万規模の配信を希望する大手ブランドや企業の方にも、専用サーバー環境で本システムを独占提供できる上位プランもご用意しております。効果的なメールマーケティングにはMail Managerをお選びください。

■ Company Profile

インクレイブ株式会社

仙台・東京に拠点をもつITプロダクト企業です。マーケティング技術に基づくWEB構築やシステム開発など受託事業の他、自社開発のIT製品でプロダクト事業を展開し、顧客は全国41都府県に及びます。グループには、これらIT製品や新技術に関するリサーチ＆デベロップメント機能に特化した100％出資の「インクレイブR&D株式会社」があります。

本社所在地：〒980-0801 宮城県仙台市青葉区木町通2-1-18
　　　　　　ノース・コアビル8階
TEL：022-796-6101　　FAX：022-796-6102
http://www.incrave.co.jp
製品に関する問合せ先（お見積りなど）
担当部署：本社　　担当者：塩野・粟野
TEL：022-796-6101　　E-mail：web_contact@incrave.co.jp

INCRAVE

「EMERGENCY Σ」&「MAILBASE Σ」

メールシステムのBCP対策も
メールデータのアーカイブも、クラウドで実現！

「EMERGENCY Σ」は非常事態時のメールシステムの可用性を高める待機系メールサービスです。「MAILBASE Σ」は既存のメールサーバをクラウドと連携＆低コストでの実現が可能なメールアーカイブサービスです。

【EMERGENCY Σ】
■ 非常時に自社メール環境の待機系システムとして活用
■ 緊急・障害時に瞬時に切替
■ 既存環境への影響は一切無く、低コスト運用
■ 非常時に使えるマルチデバイス対応Webメール

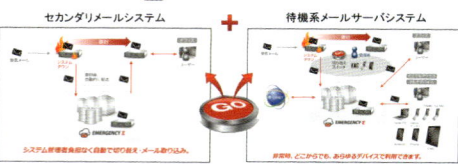

【MAILBASE Σ】
■ Office365/GoogleApps/Notes連携
■ 既存環境にアドオンするだけ、初期投資コストの削減可能
■ コンプライアンス対策
■ 個人検索・Outlook検索、アーカイブデータを有効活用

【EMERGENCY】既存メールシステムをそのまま運用しながら、非常事態による稼働中のメールシステムが運用困難になった場合に、迅速に待機系に切替わり、メールシステムを継続して利用できるメールサービスです。また、高機能Webメールにより PCやスマートフォン・携帯電話などのマルチデバイスに対応し、非常時でもあらゆる通信手段によりメールシステムが利用可能。
【MAILBASE Σ】既存のメールシステムにアドオンするだけで容易に導入ができる高機能クラウド型メールアーカイブサービスです。企業内の全送受信メールと添付ファイルを確実に保存、高速検索が可能で、コンプライアンス対策だけではなく、メールデータの有効活用もできます。

セールスポイント
【EMERGENCY Σ】いかなる時もメールシステムは止められない！企業のライフラインをクラウド＆マルチデバイスで復旧支援！
【MAILBASE Σ】国内製品シェアNO.1の実績を誇る信頼性の高い「MailBase」のクラウド版。マルチメール環境と連携により企業内の全送受信メールと添付ファイルを確実に保存、高速検索が可能。

メリット
【安心安全】高度なセキュリティ、信頼性が高いファシリティと運用・監視体制を備えた国内データセンターにてデータを管理保全しております。
【使い勝手】日本の企業が求めている仕事で使える機能を網羅し、大規模でも快適な操作性を持つ、ビジネス特化したセキュアメールサービス
【手厚いサポート】導入前から導入後、日常の操作問い合わせまで、国内サポートセンターの専門チームが対応致します。

お奨めしたいユーザー
業種問わず、メールシステムは企業の"ライフライン"になり、いざという時でも迅速対応できBCP対策メールサービス、またはコンプライアンス対策メールサービスを導入したい企業様にお奨め致します。

■ Company Profile

日本の企業では珍しい独自のメールシステムの技術を有することにより、安全で快適な電子メール環境のトータルソリューションを提供します。
■ 企業、団体向けメールセキュリティ関連ソフトウェアパッケージ企画／開発／販売
■ クラウドサービスビジネスの企画／開発／販売
■ ASP・SaaS事業向けクラウドシステムの提供及び運営

サイバーソリューションズ株式会社

本社所在地：〒108-0073 東京都港区三田3-13-16 三田43MTビル8F
TEL：03-6809-5858　FAX：03-6809-5860
http://www.cybersolutions.co.jp
製品に関する問合せ先（お見積りなど）
担当部署：営業本部
担当者：営業
TEL：03-6809-5850　E-mail：sales@cybersolutions.co.jp

SMS配信サービス

SMSを含むマルチメディアに対応するクラウドメッセージングサービス！

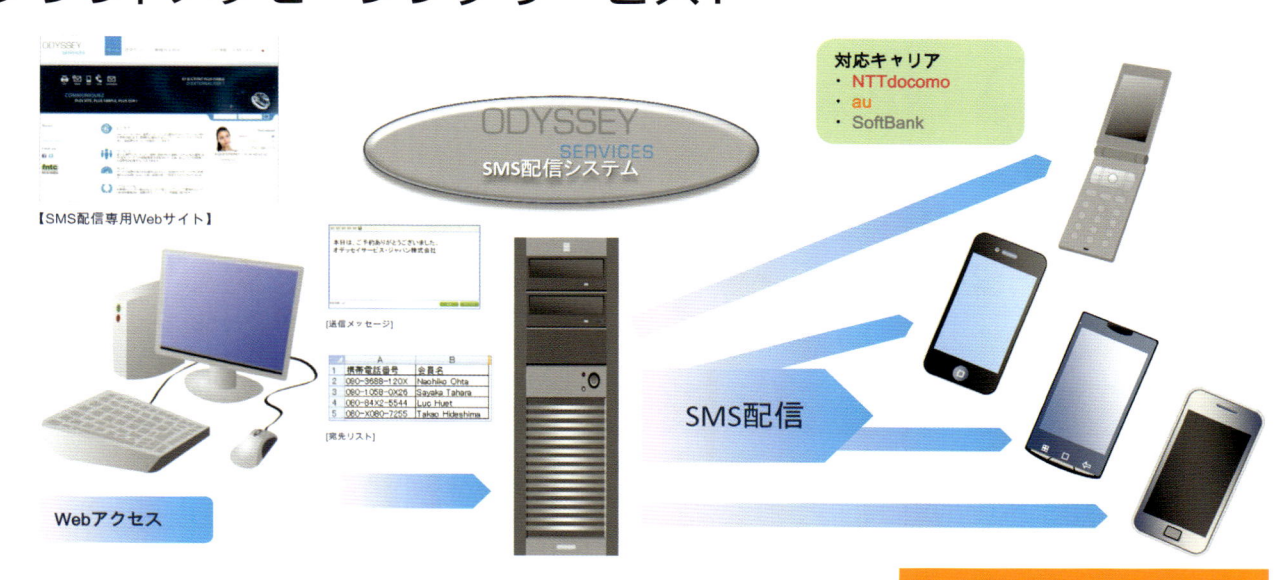

対応キャリア
- NTTdocomo
- au
- SoftBank

【SMS配信専用Webサイト】
[送信メッセージ]
[宛先リスト]
Webアクセス
SMS配信システム
SMS配信

SMSだけでなく、Fax、Eメールの配信も同じオデッセイWebサービスから同じ操作にて簡単且つ安全に行っていただけます。
現在、これら複数のメディアに対応しているクラウドメッセージングサービスを日本国内にて提供しているメッセージングプロバイダーはオデッセイサービスだけです。

セールスポイント
SMS配信をクラウド上で実現させるサービスです。
オデッセイサービスは、日本のみならずフランス、米国にてグローバルカンパニーとして展開しています。

お奨めしたいユーザー
個人の会員様、お客様とのコミュニケーション（通知、確認連絡など）を円滑に行いたい小売業、不動産賃貸業、飲食業、宿泊業、各サービス業の企業様

オデッセイSMS配信サービスはクラウド型サービスですので、インターネット環境下にて専用サイトにログインしていただければ、どの端末からでも配信することができます。
ソフトウェアなどのインストールは一切必要ありません。

オデッセイサービスのSMS配信はdocomo、au、Softbankの携帯電話へ確実に着信させることができます。また、APIの提供により自動配信も構築いただけます。

オデッセイサービスでは、Fax、Eメールでの経験と実績から、大量の配信にも応えられるシステムを保有しています。

■ Company Profile

2011年10月に設立されオデッセイサービス・ジャパンは、法人様が取引先様や会員様とのコミュニケーションを円滑または効率良く行うためのSMS、Fax、Eメールのマルチメディアメッセージングソリューションを提供しています。

オデッセイサービス・ジャパン株式会社

本社所在地：〒105-0003 東京都港区西新橋1-18-6 クロスオフィス内幸町11階
TEL：03-6257-1970　FAX：03-6257-1964
www.odyssey-services.jp
製品に関する問合せ先（お見積りなど）
担当部署：営業部
TEL：03-6257-1971
E-mail：info@odyssey-services.jp

ODYSSEY SERVICES

CYBERMAIL Σ

法人向け国産クラウド型メールサービス

日本企業10,000社に選ばれている、日本を代表するクラウド型メールサービス

「CYBERMAIL Σ」は日本企業が求めている仕事で使えるメール機能を網羅し、大規模でも快適な操作性を持つ、ビジネス利用に特化した大容量低価格クラウド型メールサービスです。

- ■ 低価格＆大容量メールBOX
- ■ 日本国内セキュアIDC
- ■ SLA 99.9稼働保障
- ■ 充実したオプション
- ■ 手厚いサポート

- ■ 使いやすいWEB UI
- ■ マルチデバイス対応で携帯・スマホ標準利用可能
- ■ 豊富なユーザ管理
- ■ 暗号化・送信審査、誤送信対策完備

主な機能アイコン：
- メールサーバ Webメール
- メールアーカイブ メール監査
- グループウェア
- メール暗号化 メール審査

基本サービス 月額￥500（1アカウント当たり） / 大容量メールBOX 20GB / アンチウィルス / 除去率97% アンチスパム / POP,IMAP対応 / スマートフォンモバイル対応 / パスワードアタック防御 / Ajax HTML5対応 / 多言語対応 / SLA 99.9%稼働保障 / 24時間365日監視 / WEB-API対応

チャリティ基金制度
当社では、CYBERMAILの売り上げの2%に相当する額を毎月チャリティ基金として積み立て、賛同するボランティア団体、社会貢献団体等へ寄付を行っています。社会貢献に利用させて頂きます。

「法人利用」を念頭においたメールサービス。国内導入社数「10,000社」のCyberMailユーザ様のお声を反映し、「ビジネスで使えるメールサービス」を実現しております。プリマハム株式会社、東武トラベル株式会社、ダイナム株式会社をはじめ、数多くの企業に導入されています。

セールスポイント
大容量低価格、安心安全を追求し、国内セキュアIDCかつSLA99.9を可能にした国産クラウド型メールサービス「CYBERMAIL Σ」は導入も運用も簡単。ユーザだけでなく、管理者への"易しさ"と"優しさ"にも配慮し、毎日のビジネスを"やさしさ"でサポート致します。

メリット
【安心安全】高度なセキュリティ、信頼性が高いファシリティと運用・監視体制を備えた国内データセンターにてデータを管理保全しております。
【使い勝手】日本の企業が求めている仕事で使える機能を網羅し、大規模でも快適な操作性を持つ、ビジネス特化したセキュアメールサービス
【手厚いサポート】導入前から導入後、日常の操作問い合わせまで、国内サポートセンターの専門チームが対応致します。

お奨めしたいユーザー
業種を問わず、メールシステムは企業の"ライフライン"であり、安心安全かつ日本のビジネスニーズにマッチしたクラウドメールサービスを導入したい企業様にお奨め致します。

Company Profile

日本の企業では珍しい独自のメールシステムの技術を有しており、安全で快適な電子メール環境のトータルソリューションを提供致します。
- ■ 企業、団体向けメールセキュリティ関連ソフトウェアパッケージ企画／開発／販売
- ■ クラウドサービスビジネスの企画／開発／販売
- ■ ASP・SaaS事業向けクラウドシステムの提供及び運営

サイバーソリューションズ株式会社

本社所在地：〒108-0073　東京都港区三田3-13-16　三田43MTビル8F
TEL：03-6809-5858　FAX：03-6809-5860
http://www.cybersolutions.co.jp
製品に関する問合せ先（お見積りなど）
担当部署：営業本部
担当者：営業
TEL：03-6809-5850　E-mail：sales@cybersolutions.co.jp

CyberSolutions

顧きゃく録

顧客管理から営業支援まで！
街の不動産屋様／工務店様を強力サポート！

■ クラウドだからこその安心感！
サーバ等の購入も、システム管理者も、バックアップも不要です。大企業と同じ環境・同じセキュリティを安価にご利用いただけます。

■ 多彩な機能！
顧客管理・物件管理だけでなく、「顧客と物件のマッチング」「メルマガ配信」「物件検索サイト公開」「顧客自動登録」「物件履歴管理」「アクセス解析」等、多彩な機能が備わっています。

■ 1ヶ月間、無料でお試しいただけます！
価格は1ユーザ7500（円／月額）の2ユーザから。
別に保守費用（半年毎に5万円）と初期費用（20万円～）がかかります。

売買仲介、賃貸の不動産会社様、以下のようなお悩みはございませんか？
「反響は取れるのだけれど成約率がイマイチだ」「営業の日々の行動が把握しきれない」「毎日増えていく顧客、物件、広告情報の管理をもっとラクにしたい」「広告の費用対効果を改善したい」「ホームページからの反響数を増やしたいが、どうすればいいか分からない」「たくさんの物件の中からお客様の希望に合った物件を探すのが大変だ」
顧きゃく録さえあれば、顧客管理からお客様のアプローチまで、皆さまが抱える問題を、最新のクラウド技術で一気に解決できます！また、自社サイトでの物件紹介も標準でご用意しておりますので、現在自社サイトをお持ちでないお客様もすぐに物件紹介を始められます。顧客管理だけではなく、営業マンの行動履歴の保存、お客様の活動履歴のチェック等、効率的な営業をサポートする多彩な機能があります。

セールスポイント
大企業並みの機能とセキュリティを安価に提供！
利用人数に応じた月額のお支払で、全ての機能をお使いいただけます。スマホにも対応していますので、物件下見での写真対応やお客様への対応も幅が広がります。

メリット
効率的な営業をフルサポート！
顧客の登録・管理やメルマガ配信、ホームページへの物件公開、営業資料・報告資料の作成等、面倒な事務作業は顧きゃく録に任せてください。少ない営業マンでも、効率的な営業が可能になります。

お奨めしたいユーザー
不動産売買・仲介・賃貸を扱う、街の不動産屋さんにお奨め致します。特に成約率を上げたい、アフターフォローを含む物件・顧客の履歴を管理したい、口コミでもっと顧客を獲得したい方、まずは無料試用1ヶ月をご利用ください。

■ Company Profile

創業45年になる、独立系ソフトウェア開発会社。金融業・不動産業を中心に業務ソフトの開発と運用を手がけ、信頼と実績を積み重ねて成長してまいりました。最近ではWebを中心としたJava開発やクラウド開発に力を入れております。

株式会社ケーピーエス

本社所在地：〒169-0073　東京都新宿区百人町2-4-8　ステアーズビル4F
TEL：03-3360-6111　　FAX：03-3360-3351
http://www.kokyakuroku.com/
製品に関する問合せ先（お見積りなど）
担当部署：クラウドソリューション本部
担当者：木下 清一
TEL：03-3360-6113　　E-mail：info@mail.kpscorp.jp

E-ASPRO（イーアスプロ）

現場の声と物流ノウハウにつちかわれた
クラウド型フルフィルメント通販システム

ECサイト構築から受注、出荷、発注、コールセンター、プロモーション管理まで、通販事業に必要な全ての機能を一元管理できます。モール連携、基幹システム、物流システムとの連携が強く、オムニチャネル販売にも対応しております。

従来のビジネスや既存基幹システムとの柔軟な連携を実現。楽天やYahoo!ショッピングなどの外部モールとは、商品マスタの一元管理や日々の受注・在庫データの連携を行うことで業務の運用負荷を軽減致します。

通販事業の規模に合わせて必要な機能だけを選択、利用することができます（パーツセレクト）。各企業のニーズや企業独自の管理・運用形態に沿ったカスタマイズで、柔軟なシステム構築ができます。

成長を続ける通販ビジネスへの参入において、既存ビジネスとの連携は大きな課題となっていました。EC・通販事業者は自社でシステム構築をする場合、出荷管理、在庫管理、支払機能などのほか、取り扱う商品の種類や利用者の年齢層などを考慮した効果的な決済手段やセキュリティ対策など、数多くの機能が必要となり、事業者にとっては費用と工数が負担となります。

これまで、100社を超えるさまざまな通販業者様にご利用頂き、豊富な実績とつちかってきた技術を通じて、ECサイトの運営工数を軽減し、事業の収益向上に貢献致します。事業者は本来の業務に専念できます。

サイト構築から受注、出荷、発注、コールセンター、プロモーション管理まで、全てのシステム化が可能で、複数ECサイトの管理はもちろん、基幹システム、物流システムとの連携が強く、オムニチャネル販売にも対応しています。さまざまなサービスで通販業務を飛躍的にサポートします。

セールスポイント

オムニチャネル販売に対応し、モバイルコマース、Eコマース、実店舗とのシームレス対応で新たな顧客接点と販路を拡大させます。リアル店舗とECサイトの境界線をなくし、システム連携を強化、最適化します。クラウド型システムを採用しているため、必要な機能だけを利用できるなど、事業規模に合わせたプランが選択できます。システムは24時間365日の監視体制を備えた自社データセンターで管理され、安定した運用ができます。

メリット

・既存システムと導入システムの最適な連携で、新たな通販事業への進出もスムーズ。
・貨物追跡で配送状況をリアルタイムに確認可能。
・EC業務の運営工数を軽減し、事業の収益向上に貢献。
・事業者は本来の業務に専念可能。
・コールセンター業務のアウトソース化で作業負担軽減。
・データセンター完備、24時間365日安定運用で安心。
弊社ソリューションシステム（店舗販売管理、倉庫管理、会計）との連携で通販事業のERP化を実現

お奨めしたいユーザー

これから通販を始めたい企業様。既に通販を始めてはいるものの、システム変更を考えている企業様。もっと効率的・効果的に通販業務をしたい企業様。店舗と通販の融合・オムニチャネルの実現を考えている企業様。パーツごとのご提供や、販売管理システムなどの他システムとの連携を容易に実現できるため、お客様の様々なニーズにお応えすることができます。お客様独自の業務を実現する機能や帳票などをカスタマイズすることも可能です。

■ Company Profile

業種・業務毎に専門特化したソリューションの提供
免震装置と自社開発のセキュリティシステム等を備えたデータセンターを活用したアウトソーシングサービス
海外を含めたネットワークサービス等のコンピュータ・情報処理に関する全般業務

株式会社 東計電算

本社所在地：〒211-8550　神奈川県川崎市中原区市ノ坪150
TEL：044-430-1311
http://www.e-shop.co.jp/ec/e-aspro/
製品に関する問合せ先（お見積りなど）
担当部署：ECソリューション部
TEL：044-430-1321
E-mail：aspro@e-shop.co.jp

ReportsConnect

クラウド環境の帳票出力ならReportsConnect！

クラウド環境（セールスフォース、kintone）では、ペーパーレス化が進み、用意されている標準機能では帳票を自由にデザインすることが困難です。KPSの「ReportsConnect」は自由で快適な帳票開発をお約束いたします。標準のレポート機能では困難だったさまざまな用途の帳票、伝票印刷が可能になります。
帳票デザインはiReportを使用してGUIで帳票デザイン致しますので、微妙な位置の調整も楽に行うことができます。
帳票のデザイン開発・アプリへの組込みも提供しています。

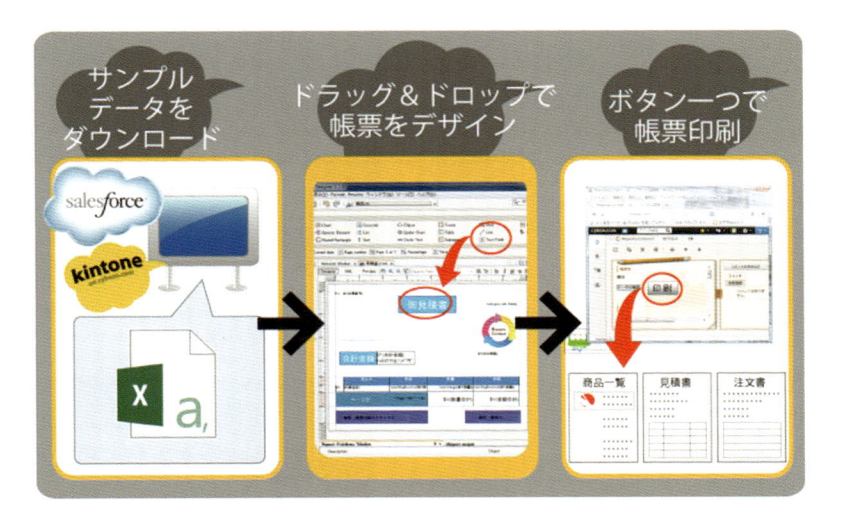

■ 見積書や納品書の出力に！
簡単な操作で思い通りに帳票がデザインできるので、見積書や納品書など、業務に欠かせない帳票出力に活躍致します。

■ 無料版があります！
3ページまでの帳票なら、無料版で出力できます。無料版は登録不要、永久無料、回数制限もありません。（4ページを超える帳票は出力できません）。

■ 有料版も安価です
有料版の価格は基本ライセンス【1ユーザ5000（円／月額）】に、追加ライセンス【5ユーザ1500（円／月額）〜】を組み合わせて自由にお使いいただけます。

セールスポイント
簡単・スピーディ・安価に帳票開発！
簡単な操作で、迅速な帳票開発が可能です。価格が安く、無料版もありますのでOEMアプリへの組込もお奨め致します。

メリット
効率的な開発を実現！
GUIでデザインするので効率的かつ、細かい位置調整も可能です。また、動的な画像出力で電子印鑑にも対応。さらに対応文字数が多く、ユーザ外字も使用可能ですので、名前を正確に表記する必要がある場合にも活躍致します。

お奨めしたいユーザー
クラウド環境（セールスフォース、kintone）で開発を行う企業様には、短期間の開発・低予算で体裁の良い帳票を作成できる利点があります。
クラウド（セールスフォース、kintone）上のシステムを使用する企業様には、安価もしくは無料でクラウドシステムから帳票を出力できる利点があります。

■ Company Profile
創業45年になる、独立系ソフトウェア開発会社。金融業・不動産業を中心に業務ソフトの開発と運用を手がけ、信頼と実績を積み重ねて成長してまいりました。最近ではWebを中心としたJava開発やクラウド開発に力を入れております。

株式会社ケーピーエス
本社所在地：〒169-0073　東京都新宿区百人町2-4-8 ステアーズビル4F
TEL：03-3360-6111　FAX：03-3360-3351
http://www.reportsconnect.com/
製品に関する問合せ先（お見積りなど）
担当部署：クラウドソリューション本部
担当者：木下 清一
TEL：03-3360-6113　E-mail：info@mail.kpscorp.jp

Air Back Plus

「わかる、簡単、使いやすい」
空気のように軽いバックアップソフトです。

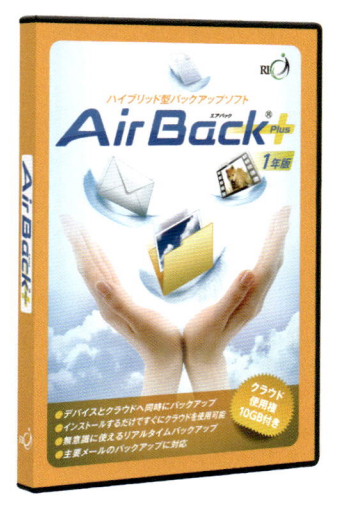

新規作成・上書きなど、ファイルの更新をソフトが検知し自動的にバックアップ致します。バックアップ先はクラウド環境及び外付HDDやUSBメモリ、サーバ等をご指定いただけます。OSはWindows環境を対象としています。

更新のあったファイルだけをバックアップするので、動作が軽く、CPUやメモリに負荷を感じない空気のような使用感を実現。どんなタイミングでデータを失っても、最新データをすぐに取り戻せます。

クラウド使用権が付属しているので、ソフトを買ったその日から、大切なデータをクラウド環境に保存する事が可能です。機器故障やPC紛失時のデータ復旧や、災害対策としてもお使いいただけるバックアップソフトです。

PC、サーバのデータを自動的にバックアップ致します。バックアップ設定は簡単。数クリックで終了致します。あとは通常業務を行っていただくだけで、何もしなくても簡単・無意識にソフトが自動的にバックアップを致します。

バックアップデータの保存先はクラウド、各種ローカルデバイスやネットワークドライブなど、多様にお選びいただけます。バックアップ先は複数指定も可能なので、更に安心。データ消失の際にはファイルを指定して1クリックで復旧が可能です。リストア（復旧）のツールがバックアップ先に保存されるため、Air Backをインストールしていない PC, サーバにもデータをリストアする事が出来ます。万一の機器故障の際のダウンタイムを圧倒的に削減致します

PC向けの「Air Back Plus」、サーバ向けの「Air Back Plus for Server」、環境に合わせてお選びいただけるラインナップをご用意しております。

セールスポイント

圧倒的なわかりやすさと軽さ。設定を数クリックで終了すれば、その後は何もしなくてもバックアップが保存されていきます。普段は意識することなくバックアップ、データ消失の際には簡単に復旧。手間なく、もしもの時には頼りになる。「空気のような」使用感をご体感頂けるバックアップソフトです。

メリット

突然の機器故障や災害などによるデータ消失から、「間違って消してしまった」「うっかり上書きしてしまった」等日常的な人為的ミスによるデータ消失まで、幅広い状況でのデータ消失から大切なデータを守ります。また、機器入替時のデータ移行の際にもお使いいただく事が可能です。

お奨めしたいユーザー

PCのバックアップをしていない方、サーバのデータだけを効率よくバックアップしたい方、クラウド環境にバックアップを取りたい方、現状のバックアップソフトに「重い」「遅い」など不満のある方など。業種を問わず、データを扱うすべてのお客様に幅広くお使いいただけます。

■ Company Profile

2005年創業のバックアップソフトウェア・ユーティリティソフトの開発・販売を行っている国内メーカです。「ソフトウェアで新たな常識を創造する」を理念に、常に新しい価値観をお客様に提供致します。

株式会社アール・アイ

本社所在地：〒101-0045　東京都千代田区神田鍛冶町3-5-8　神田木原ビル
TEL：03-6853-7800　FAX：03-6853-7801
http://www.ri-ir.co.jp/
製品に関する問合せ先（お見積りなど）
担当部署：プロダクト営業部
担当者：藤村
TEL：03-6853-7800　E-mail：sales@ri-ir.co.jp

WIT 販売管理 for クラウド

年商3億円までの中小企業に特化した＜販売管理システム＞

WIT販売管理 forクラウド

システム開発センター
シーズンソリューション株式会社
http://www.seasonsolution.jp

月額2,900円、ネット環境さえあれば、場所を問わずどこでも運用できます。

専用ソフトや専用端末は一切不要です。見積書と請求書をデジタル保存します。営業情報の一元管理に優れています。コスト削減に貢献します。

難しい機能や複雑な操作を極力排除し、よりシンプルに、より直感的に管理できるよう配慮された仕様となっています。専用端末や専用ソフトウェアを必要としないクラウドなので、省コスト導入できることが大きな特徴となっております。

◆専用ソフトや専用端末は一切不要です。専用機器などの導入は、一切不要です。今お使いの環境で、手軽に始めることができます。データは、クラウドサーバにて保存されます。ネット環境さえあれば、場所を問わずどこでも運用できます。

◆見積書と請求書をデジタル保存致します。見積書や請求書の作成が簡単です。帳票の印刷は今お使いのプリンタでOKです。見積書と請求書はクラウドサーバでデジタル保存できます。発行済みの過去ログに簡単アクセスできます。

◆営業情報の一元管理に優れています。売掛金の管理、顧客情報の管理、仕入先情報（取引先情報）の管理、売上高や利益率など経営データの集計等。

◆コスト削減に貢献します。既存のネット回線ですぐにご利用いただけます。データ保存用の専用サーバが不要です。最大30日間の無料トライアルをご用意しております。弥生会計などへのCSV出力に対応しております。

セールスポイント

貴社がエクセルで売上と顧客の管理をしているなら、今すぐ＜WIT 販売管理 for クラウド＞の導入をご検討ください。

メリット

WIT 販売管理 for クラウドは、＜月額2,900円＞の有料サービスです。アカウント申請後、2～3営業日で専用アカウントを発行致します。専用URLより、IDとPASSを入力してご利用いただけます。初月は、無料トライアル（最大30日間）となりますので、ご安心のうえご利用ください。無料トライアル終了後、継続利用の場合は有料サービスへと移行致します。

お奨めしたいユーザー

◆さまざまな業種に柔軟に対応しています。
デザイン会社、ホームページ制作会社、広告代理店、印刷会社、ネットショップ、小売業、卸販売業、各種サービス業、旅行会社、ホテル旅館業、教育学習支援業、冠婚葬祭業、医療福祉事業、建築リフォーム業等。

Company Profile

シーズンソリューション株式会社
システム開発センター

システム開発センターは、個人事業主のプログラマーが集い形成された開発専門グループです。コンサル設計担当を筆頭に、キャリア7年～15年のベテラン開発者が常時20名ほど在籍しています。そのため、技術力には大きな自信があり、案件毎2～3名のチーム体制で丁寧に開発の担当をさせて頂いております。

本社所在地：〒224-0032　神奈川県横浜市都筑区茅ヶ崎中央42-21 第2佐藤ビル4F
TEL：045-949-2557　　FAX：045-949-4626
製品に関する問合せ先（お見積りなど）
担当部署：お客様担当
担当者：国井かおり
TEL：045-949-2557　　E-mail：contact@seasonsolution.jp

アプリケーション(SaaS)

Secure Back4

ローカルからクラウド環境まで、
意識せず軽快に幅広いバックアップを実現致します。

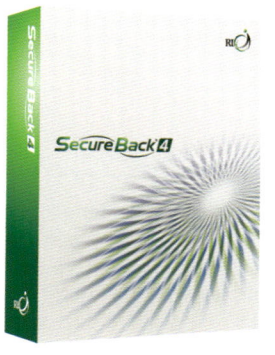

SecureBack 4

PC・サーバのデータを、集約・管理し、更にクラウド環境へもバックアップ。更新したファイルを即時にバックアップする「リアルタイムバックアップ」やネットワーク制御機能も充実。OSはWindows環境を対象としています。

データだけをバックアップする「ファイルバックアップ」なので、瞬時にバックアップを終わらせ、コンピュータ、ネットワーク、バックアップサーバなどに大きな負担をかけません。

クラウドへのバックアップも自動的に行います。ローカル・クラウドの二重のバックアップで万が一の事態にも即座に対応が可能です。ディザスターリカバリーや災害対策に大きな威力を発揮するソフトです。

バックアップサーバに管理用ソフトを、バックアップしたいPC,サーバにそれぞれクライアントソフトをインストールし、バックアップを集約します。クラウドオプションでクラウド環境に更にバックアップを残す事が可能です。管理はバックアップサーバが全て行い、ユーザは特に意識することなく、通常業務を行っているだけでバックアップができる仕組みです。
データ消失の際にはリストア（復元）を簡単に行えます。ユーザはタスクバーアイコンのメニューから「リストア」を実行。戻したいデータ選び、「リストア」ボタンを押す、この数クリックだけでデータの復元が終了します。管理者からリストアを行う事も可能で、PC故障や紛失の際にも素早い復旧が見込めます。
バックアップデータは更新毎に世代化されるので、「上書き前のデータに戻したい」「○週間前のデータに戻したい」と言った使い方もしていただけます。

セールスポイント

データのみをバックアップする「ファイルバックアップ」なので、一般的な「イメージバックアップ」ソフトよりも圧倒的に軽快にお使いいただけます。珍しい国産バックアップソフトで、使いやすさも抜群。「せっかくソフトを導入しても使えない」を防ぎます。
クラウド環境は複数の国内データセンターを使用しておりますので、災害に強く、セキュリティポリシーの高い企業様にも安心してお使いいただけます。

メリット

突然の機器故障や災害などによるデータ消失から、「間違って消してしまった」「うっかり上書きしてしまった」等の日常的な人為的ミスによるデータ消失まで、幅広い状況でのデータ消失から大切なデータを守ります。
データを復元する「リストア」も簡単かつ複数の方法をご用意。ローカル・クラウドのダブルのバックアップだからこそできる、さまざまな事態を想定したデータ保護を実現致します。

お奨めしたいユーザー

PCのバックアップをしていない方、複数台のPC・サーバのバックアップをまとめて管理したい方、現状のバックアップソフトに「重い」「遅い」など不満のある方、バックアップ元とバックアップ先筐体を同一地域に保管されている方、ディザスターリカバリー・災害対策について検討中の方にお奨めです。業種を問わず、すべてのデータを扱うお客様に幅広くお使いいただけます。

■ Company Profile

2005年創業のバックアップソフトウェア・ユーティリティソフトの開発・販売を行っている国内メーカです。「ソフトウェアで新たな常識を創造する」を理念に、常に新しい価値観をお客様に提供致します。

株式会社アール・アイ

本社所在地：〒101-0045 東京都千代田区神田鍛冶町3-5-8 神田木原ビル
TEL：03-6853-7800　FAX：03-6853-7801
http://www.ri-ir.co.jp/
製品に関する問合せ先（お見積りなど）
担当部署：プロダクト営業部
担当者：藤村
TEL：03-6853-7800　E-mail：sales@ri-ir.co.jp

Cloud SmartGate

何も買わずに導入可能な統合承認基盤、スマートデバイスから安全に社内外システム利用

スマートデバイスの台頭
スマートフォン・タブレットはすでに企業のインフラとなりつつあり、今日ではスマートデバイスとも呼ばれています。しかし、便利な半面、認証やセキュリティの確保にはコストがかかるものでした。

Cloud SmartGateはスマートデバイスとWebサーバをセキュアにつなぎます
ID/Passwordだけでなく、デバイスの端末IDによる認証も実施致します。セキュアブラウザですので、デバイスにデータを残しません。

社内外にあるWebサーバに安全にアクセスするシステムとなります。連携可能なWebアプリはGoogleApps、Office365、Salesforceなど、公式には80種類に対応しており、またID/Passwordで入るWebアプリであれば、基本的には対応可能ですので、公式サポートに載っていないものや自社で開発したWebアプリでも連携可能となります。iOS、Android両対応となり、ID/passwordは一人に一つ発行されます。端末課金ではなくID課金となりますので、端末機器によりサービスの使い分けも可能です。導入については初期構築費用もかからず、30IDからの月額利用料のみでサービススタートが可能となります。

新しいハードウェアを買う必要はありません
認証サーバはクラウド上に用意されておりますので、社内にハードウェアを導入する必要がありません。社内ネットワークへの接続も、ファイヤウォールやリバースプロクシに設定を追加するだけで可能となります。

セールスポイント
安価なコストとゼロ円からの初期費用
クラウドにすでに認証サーバが構築されており、リーズナブルな月額費用のみとなります。ID単位課金なので、会社支給とBYOD双方の端末から利用できるように設定しても、月額費用は変わりません。年間契約のものが多いですが、Cloud SmartGateは6ヶ月間の最低契約期間を過ぎれば、後は1ヶ月単位の更新となり、発行ID数の増減変更にもフレキシブルに対応可能です。

メリット
優れたユーザビリティ
一つのIDで全てのWebシステムへのログインができます。Cloud SmartGateにログインすれば、利用可能なアプリが表示されるポータルに移動し、シングルサインオン対応となりますので、個別のID入力の手間から解放されます。また管理者の方からすれば、Cloud SmartGateのIDのみユーザに伝えればOKという運用管理も可能ですし、非許可端末は利用できないので、許可なくBYODもできません。

お奨めしたいユーザー
ワークスタイル変革を目指す企業様
スマートデバイスを積極的に活用して、場所や時間に縛られずに、いつでも、どこからでも必要なシステムにアクセスして業務効率の向上を目指されている企業様に最適なソリューションとなっております。必要情報への迅速なアクセスや、タイムリーな情報共有など、ワークスタイル変革の可能性が広がります！

■ Company Profile
弊社は、顧客第一主義に基づき、お客様の快適なIT環境構築を目指して、クラウドコンピューティング・オンプレミス・ハイブリット等、あらゆる手法を用いて、最適なITソリューションを御提供しております。

メディアマート株式会社
本社所在地：〒102-0073　東京都千代田区九段北1-13-5
　　　　　　ヒューリック九段ビル 8F
TEL：03-3512-0273　　FAX：03-6659-6092
http://www.mediamart.jp/
製品に関する問合せ先（お見積りなど）
担当部署：エンジニアリングサービス事業部　担当者：日野 雅明
TEL：03-3512-0273　E-mail：e_solution@mediamart.jp

FUTUREONE クラウド会計

導入実績累計18,000社！
中小企業から上場企業まで幅広く対応

■ 組織編制や拠点の増減に対応した部門管理
組織に合わせた細かい階層を登録可能です。
部門構成を複数登録することで組織別の帳票だけでなく、事業別などの任意の切り口で横串の部門別帳票を出力可能です。

■ 複数予算パターン管理
部門別に月次の予算管理が可能です。
経営的な目標や予測数値だけでなく、前年実績を予算へ流用可能です。
貸借科目やキャッシュフロー科目にも対応しています。

2005年サービス開始以来、累計100回以上のアップデートを実施
安心して便利に使用していただくため機能改善、入力支援機能の追加、法改正への対応等により財務会計から管理会計と幅広くお客様のニーズにお応えします。

クラウド会計の特徴として4つご紹介します。

特徴① 担当者のスキルに合わせた入力画面
会計初心者でも簡単に入力可能な現金・預金出納帳から上級者向けの単一仕訳入力、振替伝票形式の入力画面があります。また、入力支援機能では定常的に発生する仕訳を呼び出し登録するだけで仕訳入力が可能です。

特徴② 試算表・決算書マスタを自由に編集
試算表・決算書の帳票名・科目の並び順だけでなくタイトル行の追加や集計軸等を編集可能です。必要な科目のみ抽出しオリジナル帳票の作成も簡単です。

特徴③ 最大7期分のデータを保存
進行年度の操作をしながら過年度のデータを明細単位まで確認可能です。さらに前年同月の明細を表示しコピー＆ペーストで仕訳入力が可能です。

特徴④ 伝票の履歴を全て保存
各伝票の登録日時・担当者の履歴を全て残します。履歴に関しては、既存の伝票だけでなく削除されてしまった伝票、修正された伝票についても履歴が残ります。

セールスポイント
多拠点・複数法人の管理に適した会計システムです。
アクセス制御だけでなく部門制御の設定により担当者ごとで利用可能なメニューの制限と閲覧・入力が可能な部門を本部でコントロール可能です。
その結果、N法人では全国130拠点の会計業務統合化を実現しました。全拠点でクラウド会計を導入し経理処理を統一化、本部ではリアルタイムに全拠点のデータを集計し決算の早期化を実現しました。

メリット
自動アップデートによるバージョンアップを行っているため運用コストの大幅削減が可能です。
消費税対応等の法改正による税区分の追加、決算書のフォーマット変更等のバージョンアップも自動アップデートで対応します。そのため、クラウド会計全ユーザは常に最新バージョンをご利用いただいています。またサービス料以外の追加料金をいただいておりません。

お奨めしたいユーザー
多拠点・複数法人管理を行っている企業様に最適なサービスです。
M社では全国約70拠点を本部で一元管理を実現しました。
本部集中経理で月次処理が遅延していたものを各拠点にクラウド会計を導入することで分散入力に変更しました。その結果、決算早期化と同時にタイムリーに情報をフィードバックすることが可能になり現場のマネージメントに会計情報を活用することが可能になりました。

■ Company Profile

FutureOne株式会社は、ERP・基幹業務システムを中心としたグローバルソリューションブランド『FUTURE ONE』シリーズの開発・販売を行っておりビジネス環境への適応と多様化するお客様のニーズにお応えします。

FutureOne株式会社

本社所在地：〒141-0032　東京都品川区大崎2-9-3
　　　　　　大崎ウエストシティビル5階
TEL：03-5719-6122　FAX：03-5719-6123
http://www.future-one.co.jp/
製品に関する問合せ先（お見積りなど）
担当部署：Business Creation 事業部　担当者：加藤
TEL：03-5719-6122　E-mail：kato.fumie@future-one.co.jp

車楽クラウド

コストを抑えて業務システムを使用したい貨物運送事業者様へ
貨物運送事業者様向け販売管理システム　車楽クラウド

22年間に渡り全国の数多くの運送業ユーザー様にご利用頂いております貨物運送事業者様向けパッケージソフトウェア「車楽」の新ラインナップ登場です。必要不可欠な業務機能をクラウド環境でご利用いただけます。

◆初期費用：150,000円（税別）。3ヵ月分の利用料とリモートによるご指導料金が含まれます（訪問サポートは別途料金発生）。
◆月額利用料：1ユーザー／8,000円（税別）、追加1ユーザー毎に／2,000円（税別）。（4ヶ月目より月額利用料必要。）

ログインID・パスワードで、お手持ちのパソコン・インターネット環境にてご利用いただけます（Windows Vista以降、IE7.0 以降のパソコンとインターネット接続環境）。
※プリンタなどは帳票印刷時に必要となります。

車楽クラウドは、貨物運送事業者様に不可欠な運賃の請求業務、売掛管理業務、傭車先への支払業務、買掛管理業務、報告資料（輸送実績報告書）作成業務までが行えます。全ての出力帳票は、画面プレビュー・プリンタ出力・CSV出力の各出力方法選択機能を装備しています。

従来のパッケージソフトなどの運送業務システムをご導入の場合、お客様にはハードウェアなどのご購入が必要でしたが、サーバーマシンなどのハードウェアやミドルウェアなどをご購入いただくことなく、お手持ちのパソコン・インターネット環境をご利用の上、毎月一定額のサービス利用料金をお支払いいただくだけでご利用いただけるサービスです。ご利用開始にあたって必要となるのは、インターネットに接続できるパソコンのみで、その他は特に必要ありません。
まずはリモートデモでお試しください。

リモートデモお申込みURL⇒
http://www.ous.co.jp/remotedemosyaraku.html

セールスポイント

最新OSへの対応や法改正その他に対応するための改良、新機能の追加など、順次最新のソフトウェア環境にバージョンアップしていきます。この場合、ご利用ユーザー様の費用負担等は一切ございません。月々のご利用料の他に、ランニングコストは不要です。
1ユーザー　月々／8,000円（税別）という安価な料金で業務システムがご利用いただけます。必要に応じてユーザー数の追加も可能です。

メリット

ハードウェア等を新規でご購入して頂く必要はございません。お客様側でのデータバックアップなどは不要です。IEブラウザ上での運用ですので、パソコンへの一切のプログラムインストール作業などの手間は発生いたしません。お申し込み手続き後、ログインID・パスワードを発行〜お届け致しますので、それさえあればすぐにでもどのWindowsパソコンからでもご利用頂けます。

お奨めしたいユーザー

導入時のイニシャルコストを抑えたい／短期間で業務システムを稼働させたい／保守運用などのランニングコストを抑えたい／データバックアップやデータ管理を自社内で行いたくない運送事業者様等に最適です。使用に必要な期間のみ利用したいというお客様にも適しています。自宅や事務所あるいはどのパソコン環境からでも利用したい等のご要望にもお応えできます。

■ Company Profile

中四国エリアに事業所を置き、中小中堅企業様に基幹系業務システムの提供、特にパッケージソフト「車楽シリーズ」「食Qualityシリーズ」の開発販売や「スーパーカクテルシリーズ」の開発販売を行っています。時代の変化を敏感にとらえ在顧客の精神でお客さまとの信頼関係を構築し、お客様の成長発展に直結する商品サービスを提供致します。

株式会社オーユーシステム

本社所在地：〒701-0164　岡山県岡山市北区撫川839-1
TEL：086-293-2755　　FAX：086-293-3081
http://www.ous.co.jp/
製品に関する問合せ先（お見積りなど）
担当部署：AP営業部　　担当者：軒原（のきはら）
TEL：087-865-2711
E-mail：info@ous.co.jp

なかまクラウドオフィス

経営者の悩み解決型クラウドツール
これで一気に「攻めのIT経営」を実現

価格：初期導入費30万円　月々のサービス料1ユーザ6,000円
環境：インターネット環境
機能：①スケジュール報告/確認　②お客様/取引先管理　③通知連絡
　　　④コンテンツ（ファイル）管理　⑤情報交換　⑥時間分析

「なかまクラウドオフィス」は、「オフィス ワーク ウェア」という新しい概念のもと誕生しました。二人以上が同じ目的で仕事をする場合に、必ず必要となる機能のすべてをクラウド化したサービスです。

タブレットPCを前提に、経営者の悩みを解決すると同時に、社員の方にも支持されるクラウドツールとして新開発しました。それが「つながる」「つかえる」「いかせる」でした。

①関係者のスケジュールと同期しながら一度の操作で関係者のスケジュール登録が可能
②お客様や取引先を目的別にグルーピングして管理、必要な時に素早く抽出してメールやFAXを一斉送信
③メールソフトを必要とせずに次のことが可能
・仕事上のやり取りのすべてが「受信一覧」と「送信一覧」に集約　・メールとFAXを自動振り分け送信　・日時指定送信
④全資料の中から指定するお客様で過去に提出したデータを時系列で簡単に取り出せ、登録したファイルは、メールにワンタイムパスワード付きURLで添付、送信先へ安全に送る他、煩わしい暗号化やパスワードの再送作業から解放
⑤予め登録したテーマでメンバー間が情報交換
⑥日々のスケジュール管理だけで、次の分析が瞬時に可能
・プロジェクト別に「悪い情報」確認
・総活動時間に占める時間外時間数
・営業活動に占める移動時間や待機時間割合
・お客様別活動時間数
・報告の速さや上司の確認の速さ確認
・自分の時間分析で自己改善

セールスポイント

・同じプラットフォーム内ですべての機能と情報が連携するため、自然とデータの一元化を実現し、二重三重の作業を無くすことができます。結果的に飛躍的な「効率化」を実現します。
・ITに不慣れな管理者にも部下からの「報連相」に素早く回答できます。
・タブレットPCを最大限に生かし、経営者が望む情報の「共有化」「見える化」「安全化」で情報の「資産化」を実現します。

メリット

・営業員の活動予定やその結果が容易に把握できて、お客様の声がストレートに管理者に伝わります。
・部門別/プロジェクト別の時間の使われ方分析で業務改善を可能にします。
・作成する資料がミスなく登録できて関係者間で容易に共有化でき、かつお客様ごとに提出した提案書や見積書を時系列に容易に取り出せます。
・仕事上のやり取り（メール/FAX/メッセージ）のすべてが「受信一覧」と「送信一覧」で管理できます。

お奨めしたいユーザー

・「攻めのIT経営」を一気に実現したい企業／チーム
・それぞれの活動拠点が異なるチーム間連携を望む企業／チーム
・営業情報の「見える化」を強く求める企業／チーム
・タブレットを営業マンに持たせて「効率化」を図りたい企業／チーム
・ITに不慣れな方の多い企業／チーム
・人の交代が多い企業／チーム
・情報漏えいを不安視している企業／チーム
・業務改善を常に求める企業／チーム

Company Profile

通信の高度利用を掲げて38年。自社開発、自社運用、自社サポートにこだわり続けています。

株式会社ダイナックス

本社所在地：〒150-0013　東京都渋谷区恵比寿4-12-12
TEL：03-5488-7030　FAX：03-5488-7063
http://www.dynax.co.jp
製品に関する問合せ先（お見積りなど）
担当部署：インターネット事業部
担当者：佐藤 正人
TEL：03-5488-7030　E-mail：sato@dynax.co.jp

予約システム「Coubic(クービック)」

たった1分で、誰でも簡単にネット予約を受付け可能に！

「誰でも使える」
Webに関する知識がなくても、誰でも無料で始められます。24時間ネット予約を受け付けることで売上げを最大化できます。

「簡単に予約・顧客管理」
管理用のスマホアプリで、いつでもどこでも簡単に予約・顧客管理できます。

「管理コストの削減」
ネット予約と電話予約の一元管理で、業務効率化による管理コストの削減が可能です。

これまでの予約システムは、大企業向けに作られているものが多く、高価格で使いづらかったり、パソコンがないと使えなかったり、といった課題がありました。予約システム「Coubic(クービック)」は、誰でも簡単に使えるクラウド型のサービスで、スマホ・タブレット・パソコンでいつでもどこでも予約管理を行うことができます。しかも他社システムと違い、予約数・顧客数に制限がなく、無料でご利用いただけるのが特徴です。さらに、複数の予約形態で様々な業種に対応しています。

セールスポイント
「予約する」ボタンを貼ることで、既存のホームページやブログに予約機能を簡単に導入することができます。もちろん、クービックに登録すると自動的に作成される予約ホームページを活用することもできます。

メリット
24時間ネット予約受付による売り上げアップと予約管理の簡略化による管理コストの削減を実現できます。

お奨めしたいユーザー
イベント・セミナー、スクール・教室、採用説明会、貸し会議室、観光ガイド・旅行ツアー、ヘアサロン、ネイルサロン、ヨガ・ピラティス、士業など多種多様な業種に対応しています。

■ Company Profile

「人とビジネスが簡単につながる」ことをミッションに掲げ、グーグル、グリー、クックパッドの出身者により設立されました。「ネットで予約」というビジネスコミュニケーションの始まりを軸に、人とビジネスをどれだけ簡単に快適につなぐことができるかを追究してまいります。

クービック株式会社
所在地：〒150-0034　東京都渋谷区代官山町1-8
　　　　代官山太平洋ビル5F
https://coubic.com/
製品に関する問合せ先（お見積りなど）
担当部署：Sales & Marketing
担当者：岡崎
TEL：050-3570-6243　E-mail：support@coubic.com

Coubic

ICTでつながる健康支援「ウェルスポートシリーズ」

健康保険組合・事業主・健診機関に、データヘルス計画として、ICTを活用して便利に使えるクラウドシステムを提供

（主な機能）

保健指導支援システム「ウェルスポート ステップ」
食事カロリー、栄養素分析・体重、血圧、腹囲等バイタル記録・オリジナル学習教材・個別運動プログラム・食生活セルフチェック・指導日程管理

生活習慣改善情報提供ツール「ウェルスポート マガジン」
14ページ健診結果別情報提供・検査結果全国順位・自己健康管理サイト付き

ポピュレーションアプローチシステム「ウェルスポートナビ」
健診結果web通知・健診ナビ表示・医療費web通知・ジェネリック医薬品紹介・イベント（ウォーキング、禁煙、歯みがき、年末年始体重管理）・健康ポイント管理

保健指導支援システム「ウェルスポート ステップ」
すでに9万人以上の利用実績。一目でわかるスケジュール管理や支援予定のお知らせメールなどさまざまな支援形態に対応。対象者側は、自己健康データの管理は元より食事・運動のコンテンツも充実。

生活習慣改善情報提供ツール「ウェルスポート マガジン」
特定健診結果をもとに個人個人にカスタマイズした生活習慣改善のための情報提供PDFを自動作成。対象者サイトからダウンロードし、健康データや食事の記録とあわせて活用可能。

ポピュレーションアプローチシステム「ウェルスポートナビ」
健保加入者に対し、ひと目でわかりやすい健診結果と健康づくり支援のための各種のイベント（ウォーキング、禁煙等）をクラウドで提供。医療費やお薬情報・各種イベントの通知のほか健康ポイントの蓄積も可能。

セールスポイント
保健指導からポピュレーションアプローチまで幅広くクラウドで提供できる統合的な保健指導支援システム。今後もバージョンアップし将来も安心して利用可能。

メリット
指導の管理ツールだけではなく、保健指導対象者自身が興味を持って健康増進につながるコンテンツを搭載。また全員が健康意識向上に役立つポピュレーションアプローチも可能。

お奨めしたいユーザー
健康保険組合・事業主・健診機関・病院等で保健指導やデータヘルス計画の実施Doシステムをお探しの方に最適。

■ Company Profile

1972年に日本初の医事コンピュータを発売して以来、メディコムは業界の先陣を切って医療機関向け、保険薬局向けシステムを開発してきました。今後も「人々の医療・福祉・健康をITで支える」というビジョンのもと、お役に立ち続けてまいります。

パナソニック ヘルスケア株式会社
メディコムビジネスユニット

本社所在地：〒105-8433　東京都港区西新橋2-38-5
TEL：03-5408-7754　FAX：03-5408-0807
http://panasonic.biz/healthcare/medicom/
製品に関する問合せ先（お見積りなど）
担当部署：メディコムビジネスユニット　ヘルスケアシステムグループ
担当者：上田・丸中　TEL：03-5408-7754　E-mail：wellsport_support@gg.jp.panasonic.com

Panasonic

LiveAgent

多様化する問い合わせチャネルを統合する、お客様サポート窓口のためのグループウェア

お客様からのメールへの返信漏れや、重複を予防します！ 全ての問い合わせはLiveAgentが一元管理。サポート担当者が複数名いても進捗状況、応対内容や履歴を簡単に社内共有でき、お客様サポートの品質と効率が向上します。

メール以外のサポート窓口もご利用ですか？ LiveAgentは電話、チャット問い合わせフォームだけでなくTwitterやFacebookページからの問い合わせも自動で一元管理します。チャネル別に手作業で対応履歴を管理する必要はありません。

ご利用料金は担当者3名まで使えて、月額2,900円（税別）から。自社サーバで運用可能なソフトウェア版もあります。お客様とのコミュニケーションを一括管理・共有するヘルプデスク、LiveAgent。まずは無料で14日間お試しください！

「こんな顧客サポートがしたかった！」を実現する、マルチチャネル・ヘルプデスク"LiveAgent"

お客様がどのような手段で問い合わせても、内容は共通フォーマットで管理

メール、チャット、電話からSNSまで、多様なチャネルからの問い合わせを「スマートチケット」へ変換して管理します。SNSではFacebookページやTwitterの投稿、指定キーワードを含むツイートも自動変換。返答はすべてスマートチケットから回答します。

自己解決型サポートにも対応、カスタマーポータルを簡単に構築

よくある問い合わせを整理した「FAQページ」や、お客様同士の交流の場「ユーザーフォーラム」といったカスタマーポータルも、LiveAgentから短期間で開設、運用できます。

継続してサポート品質を向上させる、アシスト＆フィードバック機能

回答のひな形表示や問い合わせに関連するナレッジベースの表示機能、自社のサポート対応を顧客が評価するフィードバック機能などで、シンプルかつ高品質なサポート環境を構築できます。

セールスポイント
[問い合わせ対応ツールの決定版]
お客様との接点チャネルであるメール、電話、チャット、ウェブサイト上の問い合わせフォーム、Facebookページのコメントから Twitterの投稿や自社の商品名を含んだツイートまで、すべてを統合して、お客様対応や管理ができます。詳細なレポート機能を活用することで、今どのような問題が発生しているかをすぐに見つけることができます。

メリット
[サポート業務をシンプルかつ高品質に]
日常の対応業務は「お客様へ回答する」だけ。対応履歴の管理、担当者の割当や社内共有、未対応案件のリマインドなどルーチン作業はLiveAgentが自動化します。また、経験の浅い担当者のフォローや顧客がサポート内容を評価する機能で、サポート品質を高水準に保つことも可能です。業務をシンプルにしつつ、高品質のサポートを実現します。

お奨めしたいユーザー
[応対内容の管理・共有のお悩みを解消]
問い合わせの見落としや不十分な引き継ぎといった、サポート担当者間のコミュニケーションエラーにお悩みではありませんか？ また、応対ログの管理が電話とメールで異なったり、個人管理になっていたりと、サポート部門のチーム連携にお困りではありませんか？ LiveAgentはそのようなサポートチームの課題を解決します。

■ Company Profile

自動車メーカー、電機メーカー、通信会社、広告代理店など大手企業を主なクライアントとして、Web＆ITソリューション開発およびクラウドサービスの運営を手掛けています。お客様の業務内容や事業計画を理解し、お客様のビジョンを実現するための最適なシステムをご提供しています。

株式会社インターワーク

本社所在地：〒107-0052 東京都港区赤坂三丁目20-6 パシフィックマークス赤坂見附6F
TEL：03-3414-0008　FAX：03-3414-2525
http://www.liveagent.jp
製品に関する問合せ先（お見積りなど）
担当部署：NTR事業部　担当者：前田
TEL：03-5432-7275　E-mail：liveagent@intwk.co.jp

INTER WORK
株式会社インターワーク

BカートASP

BtoBコマースの決定版！
企業間取引の受発注を効率化させるサービス「BカートASP」

BtoBって個別対応が多くて大変ですよね？
BカートASPでは価格・販路・決済といった企業間取引ならではの商習慣をカバーする機能を標準対応しています。

結局カスタマイズって言われませんか？
BカートASPでは別途費用をお支払いいただく必要はありません。堅牢なセキュリティーと無料アップデートが付いてきます。

BtoBサイト構築って高いと思っていませんか？
BカートASPはクラウド型のサービスなので、スモールスタートから大規模サイトまで各種プランで対応可能。

DaiがITの事業領域に踏み出したのは98年。世はインターネットの黎明期でした。最初は簡単なホームページを作ることから始めたのですが、いくつかのホームページを制作していく中で「ウチはホームページは必要ない」というお声をいただくこともありました。よく考えてみるとDaiのクライアントは流通関係の会社がほとんどだったので、より実業務をおこなうことができるシステムを望んでいる事がわかりました。当時懇意にしている企業にヒヤリングをしてみると「ホームページでなくカート。カートでも卸ができるシステムを作って欲しい」というニーズがある事がわかり、受注制作を始めました。これが今のBカートASPの前身となるシステムでした。その後、時流にあった形でサービスを提供していくことで、より多くの企業のお困り事を解決できると考え、現在クラウド型のサービスとして多くの企業にご利用いただいております。

セールスポイント
運営実績No.1。月額9800円〜、最短3日ですぐに始められるクラウド型のサービス。楽天SOY受賞店から、あの上場企業まで約200社が導入。すでに10万を超える企業がBカートASPで発注をおこなっています。

メリット
BtoB（企業間取引）をオンライン化することで電話・FAX・メールでの受注管理から解放され、本来取り組むべき営業活動に専念することができます。また、ネットから発注してもらうので商圏拡大・新規顧客の獲得に繋がります。

お奨めしたいユーザー
主な導入先はメーカー・卸・商社になります。業種は、アパレル・雑貨・家具・ビューティー用品・食品・建築建材など、数多くの業界で採用されています。また、社内発注用や中にはBtoE（社販サイト）としてご利用いただくケースもあります。

■ Company Profile

創業から一貫してBtoBをメインの業務領域として活動してきました。もともとは出版業からスタートしましたが、時代の流れとともに活躍の舞台をインターネットに移し、サービスの形を変えて活動しています。これからもITを軸に流通業界にインパクトがあるサービスを展開していきます。

株式会社Dai

本社所在地：〒600-8412　京都府京都市下京区二畳半敷町646番地
　　　　　　ダイマルヤ四条烏丸ビル5F
TEL：075-361-1171　FAX：075-361-1178
https://bcart.jp
製品に関する問合せ先
担当部署：BカートASP事業部　担当者：小松 直紀
TEL：075-361-1171　E-mail：info@bcart.jp

集客パーク for 学習塾

学習塾業界に特化した最先端のサイト制作＆更新システム
コンテンツ毎の専用管理画面で、操作も簡単！！

【 集 客 】
SEO対策を考慮したサイト構成。「エリア＋塾」での上位表示を期待！競合の他塾より目立つ位置に表示させることで、新規ユーザーの獲得を促進！！

【 機能紹介 】
塾業界に特化した『使えるコンテンツ』を厳選ラインアップ！コンテンツ毎の専用管理画面で、操作も簡単！！

【 価格・ラインナップ 】
「高機能」なシステムを、「低価格」でご提供いたします。
ご希望のカスタマイズで、お客様の塾だけのオリジナルサイトがつくれます。

塾業界に特化した最先端のホームページ作成＆更新システム　コンテンツ毎の専用管理画面で、操作も簡単！！パソコン・スマートフォン・モバイル全てに対応。『使えるコンテンツ』を厳選ラインアップ！SEO対策を考慮したサイト構成で、「エリア＋塾」での上位表示を期待できます。パソコン・スマートフォン・携帯サイトにも対応。オリジナルのリッチテキストエディタ搭載でHTMLの知識不要で更新が簡単！特定コンテンツへの閲覧制限も可能。通学生向けプリントのデータ配布に便利！要件にあわせた柔軟なカスタマイズも可能です。
『多教室展開されている本部様向け』に各教室情報を集約し、一括掲載。貴塾専用のポータルサイトを簡単作成！教室のグループ分け機能も搭載。本部のサイト更新負担を大幅削減できます！

セールスポイント
パソコン・スマートフォンフォン・フィーチャーフォンサイトに対応。一元管理＆一括更新が可能！
幅広くユーザーをカバーすることができます。
管理画面からの一度の更新で、全サイトの対象ページを一括で管理・更新することができるので、「ホームページ作成・更新手間の大幅な更新」と「更新漏れの防止」をお約束致します

メリット
オリジナルのリッチテキストエディタを搭載。HTMLの知識不要で、簡単に更新ができます！
パソコンだけでなく、スマートフォンやフィーチャーフォンサイトにもテキストが表示されることを考慮し、ホームページ作成・更新時に、レイアウト崩れを起こさない文字装飾を簡単に設定できるようにしております。

お奨めしたいユーザー
『多教室展開されている学習塾の本部様向け』に最適なシステムです。
各教室情報を集約し、一括掲載。貴塾専用のポータルサイトを簡単に作成できます。
また、教室のグループ分け機能を搭載。本部のサイト更新負担を大幅に削減できます。

Company Profile

ホームページのグロースハックをメインにしているWEB制作会社。いかにコストを掛けず、成果を高められるのかを研究し、日々実践している。
過去500サイト以上のHP作成を通し、「必ず成果が3倍以上に増える法則」を見出す。
お客様の利益向上を最重要ミッションとし、HPのコンサル・サイト構築を手掛けている。

株式会社セルバ

本社所在地：〒542-0081　大阪市中央区南船場3-1-10
　　　　　　南船場Kanビル8階A号
TEL：06-6120-3936　　FAX：06-6120-3937
http://www.selva-i.co.jp/
製品に関する問合せ先（お見積りなど）
担当者：井上 博登
TEL：06-6120-3936　　E-mail：support@selva-i.co.jp

GizaStation

パブリッククラウドでアプリケーションと
ワークロードの安全を守る

既存のアプリでは、メモやスケジュールなど情報をそれぞれが管理していました。しかし、GizaStationをベースにGizaPadを利用すれば、デジタル手帳としてスケジュールやメモ、日記などまで一元管理することが可能になります。PC版のJavaクライアントを利用すれば様々なOSからデータの利用が可能になります。

PC版はJavaベース（Windows,Linux,MacOS）
iOS版はGizaPad（iPad版）とPortableGiza（iPhone版）

PC版はJavaGUIを利用したクライアント機能をサーバからダウンロードして利用します。ダウンロードしたPCに一切データを残さない仕様となっています。

GizaPadとPortableGizaを利用すればiOSでGizaStationのデータにアクセスできます。スケジュールやメモなどの情報に様々な環境からアクセス可能です。

セールスポイント
GizaStationのデータがiPhone/iPadから利用できるようになりました。データの一元管理としてクラウドのGizaStationと持ち運ぶためのアプリが揃っています。

メリット
いつでも何処でも自分のデータにアクセスでき、操作性も優れています。GizaPadを利用していると、他人に自慢したくなる！そんなアプリに仕上がっています。

お奨めしたいユーザー
手帳を利用してスケジュール管理を行なう全ての人に、一度お試しいただきたいアプリとなっています。GizaStationのクラウド管理とGizaPadの手帳そのもののUIは必見です。

■ Company Profile

個人の持つ情報を一元管理する目的で、GizaStationを核とし、GizaPadやPortableGizaなどiOSアプリとの連携を可能にしたクラウドサービスを提供しております。

有限会社 ジェイ・ビーンズ

本社所在地：〒273-0005　千葉県船橋市本町1-9-9　パークタワー船橋1208号
TEL：047-495-3232　　FAX：047-495-3245
http://giza.jbeans.jp/w/
製品に関する問合せ先（お見積りなど）
担当部署：GizaPadサポート事務局
担当者：土屋
E-mail：support@jbeans.jp

JBeans
Java Beans Component Producer

シフト連動型予約管理システム「よやぽ」

どこにいてもお店の予約をスマホでリアルタイムに確認
顧客カルテもサクッと検索

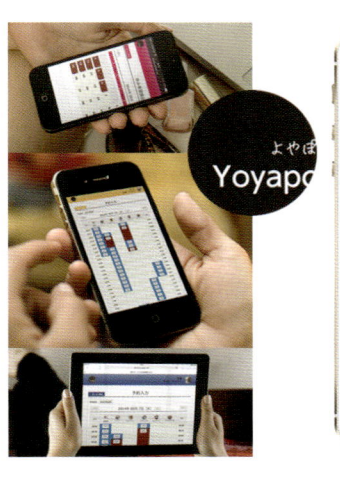

ネイルサロン/エステ/美容室/歯科医院/整体・マッサージ/各種スクール等、指名予約制度のお店に最適！ スマホも、iPadも、もちろんPCも。どこにいても、最新の予約状況をリアルタイムに共有できます。

デジタルが苦手な方でも、抵抗なくスムーズに使えるものを。画面の小さいスマホでも操作しやすいように。本当に必要なことだけを違和感なく実現できるよう、余分な機能を省いたシンプルな設計です。

【主な機能】予約管理、シフト管理、顧客カルテ管理、メール送信、顧客リストCSV出力、来店状況簡易統計グラフ
【ご利用料金】初期費用20,000円（税別）、月額利用料4,500円（税別）／月
【仕様】スタッフ登録数上限100件、登録顧客数上限2,000件

シフト連動型予約管理WEBシステム『よやぽ』は、とあるビューティーサロン様のご要望により、現場の声をしっかり反映して開発したクラウドサービスです。『よやぽ』で管理できる情報は大きく3つ「スタッフシフト」「予約管理」「顧客カルテ」。各データからひもづく情報を自動的に連動して管理できるためインプットの手間を大幅に軽減します。例えば、月々のスタッフシフトは予約台帳に自動で反映され、予約台帳に登録した来店情報は来店履歴として顧客カルテに蓄積します。顧客カルテは来店ごとの写真も保存でき、前回来店時の情報を視覚的に共有可能です。お客様情報を誕生日や来店頻度で抽出し、特定のお客様だけに『よやぽ』システム上で一斉メール送信することもできます。『よやぽ』は中小規模の店舗において大量に増え続けるExcelファイルや煩雑な紙の管理から経営者とスタッフを解放します。

セールスポイント

デジタルが苦手な方でも直感的に操作できるシンプルな設計でありながら、店舗の事務作業の手間となる毎月のシフト作成、予約台帳の管理、顧客カルテ管理が、これひとつで全て管理できます。データベースを持たない仕組を採用し、データ損失リスクを最小限におさえています。保存データは全て暗号化していますので、セキュリティ面も安心です。

メリット

月々のスタッフシフト作成作業、予約台帳作成作業、顧客カルテの保管管理など、煩雑な事務処理を大幅に軽減します。顧客情報の条件抽出など、顧客満足度向上およびリピート率促進につながるツールとして活用できます。スタッフシフトと予約状況をリアルタイムに把握できるので回転率とスタッフ稼働率の改善にもご活用ください。

お奨めしたいユーザー

ネイルサロン、美容室、エステサロン、歯科医院、整体・マッサージ院、各種スクール、ペットトリマーなど、予約制の店舗・サービス向けのシステムです。店舗に常駐しないオーナー・スタッフも予約状況や顧客カルテをリアルタイムに確認できます。スタッフ調整の都合やいたずら等のリスクにより、WEB上で予約公開受付することには抵抗があるが、内部的な管理はシステム化したいという方に最適です。

Company Profile

札幌を拠点に「誰でも、気軽に使えるIT」の楽しさとオモシロさを、あらゆる角度から提案しています。わたしたちは、全てのサービス提供において、お客様と向き合うことはいたしません。お客様と正面から向き合うのではなく、お客様と同じ方向をむいて、お客様の事業を全力でアシストします。

マネジメントオフィス syushu（シュシュ）

本社所在地：〒060-0063 札幌市中央区南三条西8丁目4-2
TEL：011-211-0680　FAX：011-211-0680
http://www.yoyapo.net/
製品に関する問合せ先（お見積りなど）
担当部署：よやぽ担当
担当者：太田
TEL：011-211-0680　E-mail：info@yoyapo.net

"見込み"顧客管理システムシリーズ
クラウドサービス サスケ リード職人

展示会/セミナー/電話営業/お問合せetc
バラバラ管理のリードデータを一元管理

初期営業やマーケティングフェーズに特化した"見込み"顧客管理専用システムです。ナショナルブランドの大手企業から中小企業まで業種・規模問わず580社以上で導入されています。

PC/タブレット/スマートフォンなど端末を問わずご利用可能です。ご利用人数＋データ登録件数による月額料金体系となっています。データ移行や運用定義策定などの導入コンサルティングサービスの充実も特長です。

＜主要機能＞顧客管理/案件管理/名刺管理/見込みランクポイント自動スコアリング/営業チャンネルの効果測定/展示会やセミナー時のアンケート自動集計/活動分析/一括メール送信/DBの名寄せ/etc

サスケリード職人は、SFA（営業支援システム・顧客管理システム）ではカバーしきれないリードと呼ばれる初期営業フェーズのプロセスをしっかりと可視化できるシステムです。統合されていないバラバラなエクセルデータや名刺・アンケートを一元管理して「より多くの見込み客を顧客へ変える」受注までに特化した「"見込み"顧客管理専用」の顧客管理システムです。

自由度が非常に高く、管理したい項目は自由自在に作成できます。オーダーメイド感覚で、"見込み"顧客管理を実践頂けます。多くの導入企業様のリードナーチャリング（見込み顧客育成）活動やインサイドセールス、マーケティングDBツールとしてご活用頂いています。

またDBマネジメント機能に優れ、システム内でデータの名寄せ/マージ（合体）/クリーニング/ができ、何万件単位のデータを重複なくしっかりと格納できます。

セールスポイント

まだお客様になるか分からない"見込み"顧客管理には大きな手間とコストはかけられません。ただしマーケティングや経営判断に重要な情報である事は間違いありません。多くの導入企業が、既存の基幹システムや販売管理システムの「外付けシステム」としてご利用頂いており、"見込み"顧客情報の集約地点として活用されています。高精度で営業現場から情報のフィードバックが得られる情報の入力推進が自慢です。

メリット

多くの企業が課題として考えているマーケティング部/営業企画部/経営企画部/などの企画管理部門と営業部の部署間連携を容易にします。

企画管理部門には高度な分析機能を、営業部にはマウス操作だけで運用可能なシンプルな操作性をご提供します。

またWEB上でのオンライン施策や分析を行うマーケティングとは一線を画す「営業現場の情報をマーケティングに活かす"オフラインマーケティング"」の実践が可能になります。

お奨めしたいユーザー

導入企業の業種や規模は様々です。それよりも部署単位でのニーズが強くDBマネジメントに課題を抱えるマーケティング部/営業企画部/経営企画部/などの企画管理部門、または新規営業に対して意識の高い営業部門が想定ユーザーとなります。

ぜひ一度エクセル以上SFA未満のサスケリード職人をご体感ください。

■ Company Profile

弊社は2000年に創業のWEBシステム開発会社です。営業拠点を東京都の渋谷区に、開発拠点を北海道の札幌市に配置し、2拠点で事業展開を行っています。ニアショア開発により高クオリティ低コストのシステム提供を実現しています。製品メーカーとして500社を超えるお客様へ自社製品のサービス提供を行っている。

株式会社インターパーク

本社所在地：〒150-0043 東京都渋谷区道玄坂1-20-2 アライアンス渋谷壱番館2F
TEL：03-3496-7888　FAX：03-3496-7899
http://www.interpark.co.jp/
製品に関する問合せ先（お見積りなど）
担当部署：営業企画部
担当者：柴田
TEL：03-3496-7888　E-mail：biz_guide@interpark.co.jp

TableSolution（テーブルソリューション）

リリース後10か月で1,200店舗導入！
人件費削減＋利益率・顧客満足度UPの必須ツール

ぐるなび、食べログ、一休レストラン、オズモール、ホットペッパー、Yahoo!予約、オープンテーブルなど主要なネット予約サービスの予約を自動・一元管理！これまでの日々の管理業務が大幅に削減できます。

唯一、パソコン、タブレット、スマートフォンなど、あらゆるデバイス機器に対応しているので新たな機器購入の初期投資はゼロ！また、万が一、機器が故障した場合にも業務を止めない、安心のオールデバイス対応。

唯一の大手POSメーカー（NEC）とのシステム連携、5か国語対応（日、英、中、仏、韓）、完全無料で700万ユーザーへの告知、売上予測の自動集計など飲食店・レストランの経営をアシストします。

過半数を占めるスマートフォンユーザーは、情報の検索、比較、そして決定（予約）を即座に完了しています。ネット予約の対応が集客の肝になると同時に、人件費やオペレーションの乱れなど負担になっていた電話対応を軽減し、コスト削減と売上向上を実現することができる環境を提供します。TableSolutionは、ネット予約媒体の予約を一元管理するだけでなく、複数の系列店舗にまたがる利用実績を一元化する顧客管理機能など、店舗の経営分析・効率化に必須のツールです。

パソコンを触ったことがないスタッフでもすぐに使いこなせるデザインと、あらゆる規模にフィットする「ぴったり設定」など、長年のレストラン経験者によるサポートで、現場にも喜ばれる理想のオペレーションを実現します。

セールスポイント

【 稼 働 率 ： 311% 】
【 売上昨対比 ： 150% 】
【 人件費カット ： 17% 】

TableSolutionを導入した、都内のある商業施設内の店舗の実際の効果です。

極端な例だと思われるかも知れませんが、業務の自動化、ネット予約の比率UP、様々な運営の効率化がTableSolutionを導入することで実現可能です。

他が実施する前に、一歩リードする経営を実現します。

メリット

次のひとつでも当てはまる場合、導入メリットを実感できるはずです！

- 機会損失を減らし、売上機会を捉えたい
- 採用、教育、それから人件費を軽減したい
- お客様に喜んでもらい、リピート率を上げたい
- 報告、集計、などの手間のかかる業務を効率化したい
- 外国人のお客様・従業員にも対応したい
- 無料で告知や集客がしたい
- 管理業務を減らし、お客様にサービスする時間を増やしたい

お奨めしたいユーザー

次のいずれかに興味・課題のある場合：

【 人件費削減 】
【 売上UP 】
【 顧客満足度 UP 】
【 海外からの集客 】
【 ネット予約サイトの管理コスト削減 】
【 ホームページからの予約受付 】
【 稼働率の向上 】
【 お客様の管理、分析、リピート促進 】
【 より正確かつリアルタイムの経営指標分析 】

規模は、7席のバーから700席の中国料理店まで、業態や規模に関係なく【理想の運営】をお手伝いします。

■ Company Profile

コスト削減しながら【売上150％増】など、圧倒的な効果を実現。東証一部上場企業や大手ホテルレストランから7席のバーまで様々な業態・規模の飲食店を支える、飲食店の新たな必須ツールです。業界の常識を変える、日本や世界で初めて・唯一のイノベーションを実現。予約・ネット予約・顧客管理を統合する経営管理・効率化システム。

株式会社VESPER

本社所在地：104-0061　東京都中央区銀座2-12-4　アジリア銀座9F
TEL：03-5565-0112　FAX：03-5565-0118
http://www.kkvesper.jp
製品に関する問合せ先（お見積りなど）
担当部署：広報
担当者：谷口
TEL：03-5565-0112　E-mail：info@kkvesper.jp

クラウドビート

初期費用ゼロで貴社にジャストフィットのクラウド型SFA・CRMを提供

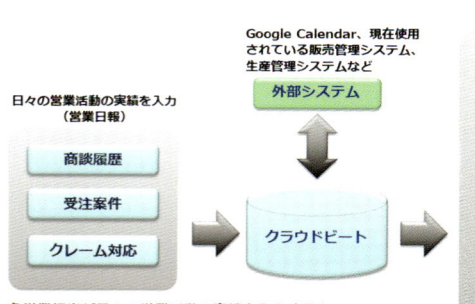

初期費用¥0。月額1ユーザ¥6000（税別）。ユーザ数が11名以上の場合は割引料金を適用。主な機能は、顧客管理、名刺管理、案件管理、業績管理、掲示板、スケジュール管理、メール一斉送信、各種分析など。

スケジュール管理機能は、GoogleCalendarとの同期が可能です。これによりシステムで自動生成された案件のフォロー予定なども、各個人のGoogleCalendarに予定として表示されます。

各種帳票をExcel形式で出力できますが、必要に応じてExcelVBAを活用した集計・分析ツールもユーザ企業様に合わせて作成・提供しており、手集計していた複雑な管理資料も楽に作成することができます。

顧客や対応履歴、案件のデータベースとしてだけでなく、例として次のように活用されています。●今期の個々の成績の着地見込に基づきPDCAサイクルに即した営業週報を作成。●顧客ランク毎に標準訪問頻度を設定し、実際の訪問頻度と差異を分析。●直近1ヶ月間に掘り起こした受注案件総額から営業活動の活性状況をチェック。●お客様ごとの深耕度ランクを管理し、どれだけランクを上げることができたのかを成績として管理。●お客様に納入されている設備の入替予定時期を管理し、それに先立って提案がなされているかどうかをチェック。●展示会などのイベントについて、メール一斉送信にてお客様にご案内。●お客様毎、商品分類毎に取引状況を表にした「スキマ分析」を行い、既存顧客のインストアシェアアップを推進。●重要顧客について、一定期間訪問のない顧客をリスト化し、重要顧客と距離が離れてしまわないように管理。

セールスポイント

ユーザ企業の事業特性・営業形態に応じて「SFA・CRMにどのような情報を蓄積し、その情報をどのように活かして営業生産性を向上させていくべきか」を経営コンサルタントの視点からご提案し、それらにぴったりと合った形でシステムをカスタマイズして提供できることが最大の特長です。また、貴社にジャストフィットのカスタマイズをしながらも、カスタマイズ料は基本的に無料であり、機能追加もなるべく無料で対応できるようにしています。

メリット

SFA・CRM導入成功の必須条件は「システムが自社の営業形態に合っていること」です。クラウドビートは、ユーザ企業に合わせてカスタマイズ設定したシステムを無料にてお試しいただくことができます。したがって、自社に合っていることを実際のシステムで確認してから導入のご判断をいただくことができます。

お奨めしたいユーザー

対法人営業をされている中堅・中小企業様に特にフィットします。住宅リフォーム業など対個人営業での実績がありますが、これまでの実績業種の詳細や、それぞれのユーザ企業における活用のポイントについては、事例集をプレゼントしておりますので、お問合せください。

Company Profile

社員は長時間働いてくれているのに、あまり給料・賞与を上げることができない。社員の不満度も高くなる——よくあるケースですが、結局は人的生産性（付加価値÷人的資源）が低いことに起因します。ハートビートシステムズでは情報システムを手段の軸として、各企業様の人的生産性の向上に貢献していきます。

株式会社ハートビートシステムズ

本社所在地：〒460-0002 名古屋市中区丸の内2-14-4 エグゼ丸の内6F
TEL：052-212-7721　FAX：052-212-7731
http://www.heartbeat-systems.co.jp/
製品に関する問合せ先（お見積りなど）
担当部署：営業部
担当者：谷村
TEL：052-212-7721　E-mail：info@heartbeat-systems.co.jp

ATSR（Apparel Total System）

クラウド型でいつでも・どこでも使える
アパレル業向け管理システム
アパレル業の業務改善をトータルサポートします！

■ コストを抑え、手間をかけずに導入したいお客様
・使う機能だけの導入ができる！
・サーバー管理の手間がいらない！
・OSを気にせず使える！

■ 管理業務をもっと効率化したいお客様
・いつでも・どこでも状況把握できる！
・外出先から受注入力できる。

アパレル特化型販売・在庫管理システムATSRは、受発注管理や在庫管理、物流業務など、アパレル業の基幹業務を一元管理できるシステムです。複数店舗との連携やリアルタイムでの在庫把握など、お客様のニーズに応じたシステム構築が可能です。

また、ATSRはクラウド対応のため、ネット環境があればいつでも・どこでも利用可能。WindowsはもちろんiOSやAndroidなどタブレット端末からも閲覧できます。

営業先でも、発注可能個数や納期などをお客様にすぐにお伝えできるので、営業ツールとしても有効です。もう紙やエクセルを見比べたり、電話やファックスで在庫状況を確認したりといった手間はありません。

セールスポイント
業態・業種ごとに必要な機能・仕様をパターン化しており、お客様のニーズ・課題に応じてカスタマイズしています。必要のない機能を省いて必要な機能のみを搭載できるので無駄な費用をカットでき、シンプルなインターフェイスで操作性もアップします。

メリット
企画・生産・物流・回収までアパレル業の基幹業務を一元管理。POS、EOSとの連携もできます。それにより、売上状況の確認から在庫管理、受注入力、出荷・売上伝票の発行などあらゆる業務をワンストップで行え、効率化が図れます。これまで紙やエクセルでの管理、システムと一部エクセルでの管理をされていたお客様は劇的な作業工数削減を図れるでしょう。

お奨めしたいユーザー
アパレルメーカー・学生服製造卸業・その他サイズカラー展開での管理を行う販売店等。

Company Profile

インネットは主にアパレル業向けの各種パッケージソフトの開発・販売しています。本紙掲載のミッションを遂行することで社会に貢献できると考えています。

インネットを取り巻く全ての人から必要とされる会社になることを目指し、企業理念は何事にもポジティブに取り組み関わるすべての人に喜びを提供することです。

インネット株式会社

本社所在地：〒500-8357 岐阜県岐阜市六条大溝3-3-14
TEL：058-275-6990　FAX：058-275-6980
http://www.in-net.co.jp/
製品に関する問合せ先（お見積りなど）
担当部署：営業部
担当者：田中
TEL：058-275-6990　E-mail：k.tanaka@in-net.co.jp

Lobby ホテルフロントシステム

業界初！ホテルシステムもクラウドで！
初期コストを抑え、快適便利なフロント業務をサポートします。

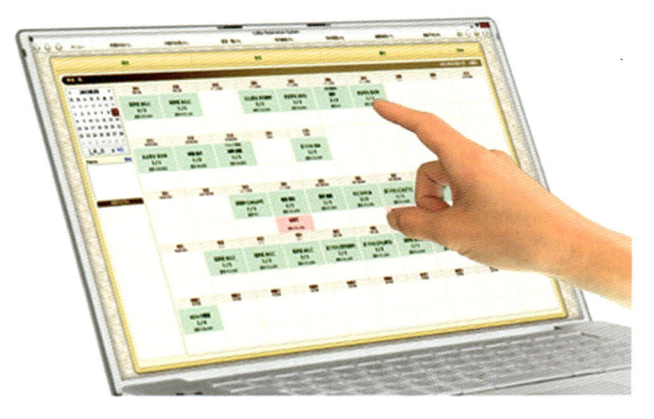

初期導入費用／50,000円（税別）

月額サービス料／20,000円（税別）

※上記は1ホテルあたりの料金です。
※推奨動作環境：Windows Vista,7,8

Lobbyホテルフロントシステムは、予約管理から会計業務、顧客管理などの標準的なフロント業務機能はもちろん、インターネット予約機能や、各社旅行サイトとの連携機能等、ネット時代に順応した様々な機能を備えております。
クラウドサービスの特徴として、ホテル内に専用サーバー等の機器を備え、維持管理をする必要がなく、インターネットが利用できるパソコンがあれば、何台でも制限なくご利用いただけます。また、ご提供いたしますシステムは、お客様毎にそれぞれ独立した環境をご提供していますので、他のユーザーへの影響を考慮することなく、ホテル独自のカスタマイズを柔軟に、迅速にご対応することが出来る仕組みになっています。
近年普及してきているタッチパネルにより、画面に直接触れて操作をされる手法へのご対応や、進化するハードウェアのメリットも最大限に活かせるよう、積極的なバージョンアップを行っています。
いつでも新しく、快適にご利用いただけるシステムを是非一度お試しください。

セールスポイント

ご導入時は、デモ環境をお手元のパソコンでお試しいただきながら、ご要望にあわせて初期設定を行っていきます。機能や操作手法など、ご要望がございましたら何なりとお申し付けください。
システムサポートは年中無休で受け付けています。操作に関するお問い合わせや、システム機能の追加や変更等、いつでもお気軽にご連絡ください。

メリット

じゃらんネットや楽天トラベル等の宿泊予約を自動でシステムに取込み、提供空室数を同期しますので、予約管理に関する業務負担を軽減し、お部屋の提供漏れによる売り逃しを防ぐことが出来ます。
専用の予約受付ページもご利用いただけますので、積極的にご利用いただくことで自社の予約率を増やし、手数料出費の軽減に繋げることも可能です。

お奨めしたいユーザー

グループホテルの予約をひとつの拠点で集中管理されたい場合や、ひとつのホテルの予約を複数の異なる個所で受付管理されたい場合、営業先でもリアルタイムな予約状況を確認されたい場合等、また小規模につき、システム導入を見送られている旅館やペンション等に、初期コストを抑え、便利で快適にご利用いただける、クラウド型のホテルシステムを是非ご活用ください。

■ Company Profile

設立年月日：平成21年12月
元ホテルマンの経験を活かし、ご利用いただけるお客様の観点からシステムの構築と拡張に取り組んでいます。ユーザーの貴重なご意見をもとに、今後もより良いシステムで、より多くの旅館・ホテル業のお役に立てるよう努めています。

株式会社ノクマインシステム

本社所在地：〒252-0143 神奈川県相模原市緑区橋本 3-19-21 7B
TEL：042-703-4263　FAX：042-703-4264
http://www.nocmine.com/
製品に関する問合せ先（お見積りなど）
担当部署：お客様サポート
担当者：小山
TEL：0120-224-722　E-mail：support@nocmine.jp

クラウド経費管理サービス「STREAMED（ストリームド）」

領収書を撮るだけで自動データ化。
もう、エクセルの経費精算はやめましょう。

クラウド経費管理のストリームド
STREAMED

STREAMED（ストリームド）はスマートフォンやスキャナで領収書を取り込むと自動でデータ化でき、エクセル形式で出力したり、会計ソフトにそのままとりこむことができるクラウド経費管理サービスです。オペレーターが手入力でデータ化するため、これまでOCRでは実現できなかった紙の証憑を正確にデータ化できます。また、独自に開発した学習システムにより仕訳情報が集合知として蓄積され、使えば使うほど精度があがります。データはCSV形式で各種会計ソフト向けに出力できます。今後は領収書だけでなく、紙の預金通帳や請求書、クレジットカードの明細など、これまでOCRでは実現できなかった紙の自動デジタル化の範囲を拡大していきます。

「領収書を正確にデータ化」
STREAMEDではスマートフォンやスキャナで取り込んだ領収書をオペレーターが全て目を通して手作業でデータ化しているので、手書きの領収書でも正確にデータ化できます。

「スマホで交通費を記録」
駅すぱあとが提供する乗換案内「Roote」と連携した検索エンジンで、外出先でもスマホで簡単に正確な交通費を記録できます。

「出力も簡単」
記録した経費データはレポート形式でメール送信したり、エクセルで加工できるCSVデータで出力できます。また、会計ソフト形式で出力すればそのまま取り込むこともできます。

セールスポイント
領収書の画像は全てオペレーターが目で見て手入力しているので、手書きの領収書でも正確にデータ化できます。また、独自の仕訳エンジンによって勘定科目を割り振ってくれます。大手会計事務所も導入しているため、安心して使えます。

メリット
STREAMEDを使うと、経理業務で最も面倒な領収書の手入力を自動化できるので、経費精算のための時間とお金を削減できます。STREAMEDはiPhone版、Android版、ウェブ版があり、全て無料で試すことができます。

お奨めしたいユーザー
・領収書が大量にあって困っている方
・交通費の記録が面倒だと感じている方
・経費をエクセルで管理している方
・外出が多くて忙しい方
・本業に集中したい経営者
・確定申告が面倒と感じている個人事業主
・社内申請フローがいらない小規模な企業

■ Company Profile
クラウド経費管理サービス「STREAMED（ストリームド）」はアジアの多様なメンバーで構成される株式会社クラビスによって開発されています。

株式会社クラビス
本社所在地：〒150-0013　東京都渋谷区恵比寿3-46-3
http://streamedup.com/
製品に関する問合せ先（お見積りなど）
担当者：菅藤達也
E-mail：info@klaviscorp.com

Klavis

高齢者見守りサービス 絆-ONE

24時間365日
あなたの大切な人を「いつも」「ずっと」見守ります

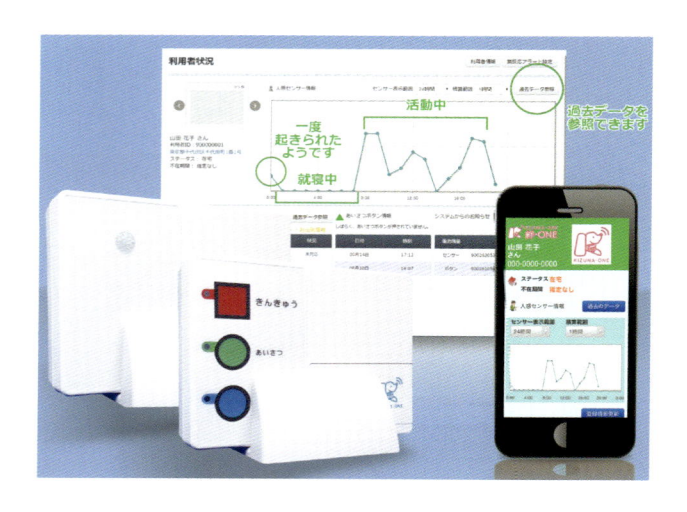

「絆-ONE」は、高齢化社会、核家族化の進む現代に急増する高齢者夫妻や独り暮らしの高齢者に対し、導入しやすい価格帯で提供するためにクラウドを活用し、開発された高齢者見守りシステムです。公共無線、インターネット、3G回線などの通信を組み合わせたハイブリッドデータ通信と、利用者が共通のクラウドシステムを利用することで、初期費用やランニングコストを抑えて安価にサービスを利用することができます。高齢者を見守るソリューションでは、人感センサを利用して異常を検知し、自治体、企業、利用者の家族にクラウドシステムを通じて知らせする安否確認サービスのほか、ボタン通知で日常の生活支援を含むトータルサービスを提供しています。

- 離れて暮らすご両親のご自宅に人感センサを設置。人感センサがご両親の生活リズムを検知し、動作を検知できないような異常時には、メールと電話でご家族にお知らせします。

- ボタン通報器はご高齢者にも使いやすいシンプルなデザインを採用。使いやすいデザインが毎日のボタン押下を助け、遠方に住むご家族とコミュニケーションが取れる仕組みを提供します。

- 見守り情報は専用サイトでいつでも確認が可能です。緊急時の対応履歴や人感センサ無反応時の安否確認履歴は、スマートフォン、タブレット、パソコンからいつでも閲覧可能。また、見守りの情報をメールで受信することも可能です。

セールスポイント
高齢者の日常生活を支援するためのプラットフォームやサービス環境を提案しています。導入する自治体や地域に合わせた生活支援サービスやシステムを構築致します。
また、ハイブリッドネットワークシステムを活用することで通信コストの大幅カットが可能となり、月額サービス料金を極めて低く設定致しています。

メリット
絆-ONEは、地域にお住いの高齢者住民の方々が「緊急事態における一人暮らしの不安等を解消する」ために「3つの見守り」で生活の安確保し福祉の増進を図る仕組みです。
地域包括ケアシステムに対応しており、緊急通報システムなど従来の取り組みでは解決できなかった事案を解消し、地域における将来のサポート体制を作るために、各種助成金事業を活用したパイロット事業を実施し、地域連携モデル事業として取り組みます。

お奨めしたいユーザー
自治体、介護事業所、マンションデベロッパーなど見守りサービスの導入を検討されている団体や、離れて暮らす高齢の家族がいる個人利用者におすすめしています。
絆-ONEは地域包括ケアシステムに対応しており、生活支援サービスについてはご契約の地域に合わせた提案ができます。

■ Company Profile

M2Mテクノロジーズ株式会社はM2M（Machine to Machine・IoT）Communication＋Cloud systemをベースに、各種センサ+通信機器+サービスによるワンストップ事業を提供する和歌山市にある気鋭の先進企業です。
各種センサ等の機器間通信とクラウドシステムを活用し、用途に応じて最適化したアプリケーションとサービスをワンストップで提供しています。

M2Mテクノロジーズ株式会社

本社所在地：〒640-8341　和歌山市黒田1-1-19　阪和第一ビル4F
TEL：073-499-6422　FAX：073-499-6433
http://portal.kizuna-one.jp/
製品に関する問合せ先（お見積りなど）
担当部署：営業本部
担当者：小島
TEL：073-499-6422　E-mail：kizuna-sales@m2mtech.jp

Focus U 顧客管理

お客様と共に作り上げていく、
育てる顧客管理「Focus U 顧客管理」

Focus U 顧客管理
powered by kintone

「Focus U 顧客管理」は、サイボウズ株式会社のクラウドプラットフォーム基盤「kintone」を採用することにより、柔軟かつ容易に機能を追加・修正することができ、その時々の会社の「今」に合わせて成長させることが出来ます。

Windowsの販売管理ソフトとシームレスに連動していますので、自動で「Focus U 顧客管理」に「顧客情報」「売上情報」がアップロードされます。リアルタイムな売上情報をいつでもどこでも確認する事が可能です。

価格(税別):初期費用:200,000円
月額利用料2,000円/1ユーザ(Focus U 顧客管理利用料)
1,500円/1ユーザ(kintone利用料)
最低5ユーザからのご利用となります。
http://www.focus-u.jp/sfa/
「Focus U 顧客管理」汎用版を15日間ご利用できるお試し期間をご用意しております。

「販売情報」、「案件情報」、「対応履歴」などのお客様情報が分散して存在していると、必ず見落としが発生します。
顧客情報に追加や修正が行われた時、その情報は必要な社員に行き届いているでしょうか。
今月の売上目標、商品の売上等の販売情報はすべての社員の方が確認できているでしょうか。
「Focus U 顧客管理」ではこうした問題をすべて解決致します。
「顧客台帳」でお客様情報を一元管理する事ができ、必要な顧客情報を簡単に引き出す事ができます。
また、通知機能やコメント機能を活用する事で必要な情報を必要な人へ届けることができます。
Windowsの販売管理ソフトとシームレスに連動しますので、クラウド上で売上情報を確認する事ができ、その売上情報を様々な種類のグラフで表示することができます。

セールスポイント

「Focus U 顧客管理」ではWindowsの販売管理ソフトと連動していますので、ソフトをインストールしているパソコン以外の端末で販売情報を確認する事ができます。端末、場所を問わないサービスとなりますので必要な情報をいつでもどこでも閲覧する事ができます。
また通知機能やコメント機能をご使用頂く事で、社員間での情報共有を容易に行う事ができます。

メリット

・いつでも顧客情報を確認できる
外出先で顧客情報、売上情報、案件情報を確認する事ができ、情報の入力を行うことができます。
・自由なカスタマイズ
初期導入時、15日間のカスタマイズ期間を設けておりますので、お客様の要望に合わせたシステムを作成する事ができます。
また導入後、社内のご要望に合わせてお客様ご自身でシステムをカスタマイズする事ができます。
・セキュアな環境
IPアドレス制限のほか、Basic認証機能がありますのでセキュアな環境下でご利用頂く事ができます。

お奨めしたいユーザー

・営業で外に出ていることが多く、外出先から顧客情報、売上情報、案件情報、商談履歴等を確認できるようにしたいとお考えの方
・クラウド型の顧客管理サービスをお探しの方
・お使いのWindows販売管理ソフトとの連携を考えている方

■ Company Profile

キャップクラウド株式会社は、「必要な情報を、必要な時に、必要な人へ」をミッションに、「Focus U」をはじめとするクラウドサービスを用いた、中小企業の業務情報の活用サービスを提供しております。

キャップクラウド株式会社

本社所在地:〒150-0002 東京都渋谷区渋谷1-8-3 TOC第1ビル8F
TEL:03-6824-1006(代) FAX:03-6862-5004
http://www.capcloud.co.jp/
製品に関する問合せ先(お見積りなど)
担当者:山口
TEL:03-6824-1007
E-mail:support@focus-u.jp

CAP CLOUD

助ネコ在庫管理

複数ネットショップの在庫調整を自動化！
モールが増えても、料金はそのまま！

楽天・Yahoo!・Amazon・その他モール・自社ネットショップの売り上げを自動的に認識・在庫数の連動を自動で行います。全店舗の在庫をカンタンに把握する事が出来、売り越しの発生が少なくなります。

助ネコはご利用者様アンケートで、「サポート満足度96%」、「使いやすさ90%」のお声をいただいております。パートさんや70歳以上の店長さんも、サクサク使いこなしています！
納得してご契約いただきたいから、お試し30日間！

【 助ネコ在庫管理 月額基本料金 】
在庫管理のみご利用：税抜15,000円（固定）
受注管理とのセット：税抜5,000円（固定）

モール・カート連携対応	楽天、Yahoo!、DeNAショッピング、Amazon、ポンパレモール、自社サイト（MakeShop、カラーミーショップ）との連携に対応しています。※2015年1月現在　詳しくはお問い合わせ下さい。
同一モール複数店舗在庫連動	楽天の複数店舗間で在庫連動ができる機能です。（他モールも対応可能）
セット商品在庫連動	ある商品を単体での販売と、セット商品としての販売を行っていた場合、在庫連動が可能です。
商品登録CSV機能	「助ネコ在庫管理」への商品登録について、CSVデータによる一括登録ができる機能です。
在庫増減表	商品が入荷・出荷された日時や更新前後の在庫数、更新処理を行った担当者の名前等の履歴を一覧で確認することができます。
発注お知らせ機能	発注タイミング（最低在庫数）を指定することで、その数量になった時に、管理画面上で把握できるだけでなく、店舗様にアラームメールが送信されます。「在庫がゼロのものだけ」、「在庫許容値の30%」での検索など、発注が必要な商品だけを検索することも可能です。
付箋紙機能	メモ欄に「付箋紙」を張るように、コメントとカラーマーカーをつけて、（例えば、「次回の発注の際には、要注意」などコメントを付ける）、全スタッフで情報を共有できます。
在庫連動間隔	15分（ただし、在庫管理機能を含む上位プランは、受注管理Pro2：5分、助ネコPremium：3分）

セールスポイント

「助ネコ在庫管理」を導入すると、日々の業務が劇的に変わります！
・全店舗の在庫が簡単に把握できます。
・各店毎にログインして在庫更新する必要がなくなります。
・販売の機会を増やせます。
・「在庫切れ商品の注文が入る」トラブルもなくなります。
・在庫切れ前に「発注タイミング」も分かります。
・通常販売とセット販売の在庫数を連動できます。

メリット

『売り越し』や『販売の機会損失』も解消され、販売のチャンスが広がります。分かりやすい管理画面で、在庫状況を一目瞭然で把握することができます。各店舗の売上を自動的に認識し、在庫数が自動調整されるので、業務効率が大幅にアップ！また、各モールの商品コードがバラバラでも、助ネコでそれぞれのコードを紐づける仕組みになっているので、導入時に手間がかかりません。

お奨めしたいユーザー

助ネコ通販管理システムでは、「在庫管理」の他に「受注管理」や「商品登録」もご用意しておりますので、ネットショップ業務を一元管理したい店舗におすすめです！また、必要なシステムのみを単体でご契約いただく事も出来るので、規模や業種を問わず、ネットショップ業務のお手伝いをさせていただきます。

Company Profile

1000社超の現場の声を反映した、使いやすさ、ノウハウ、わかりやすさに加え、お客様の記憶に残す接客機能、サーバーの快適性・安全性にも重点をおき、ビギナー店舗からパワーユーザー、物流会社までに満足していただけるよう「助ネコ通販管理システム」の開発を行っております。

株式会社アクアリーフ

本社所在地：〒254-0811　神奈川県平塚市八重咲町7-28
　　　　　　神奈中八重咲町ビル4F
http://www.sukeneko.com/
サービスに関する問合せ先（お見積りなど）
担当部署：助ネコ事業部
TEL：0800-800-6377（フリーダイヤル）
E-mail：info@sukeneko.com

Focus U タイムレコーダー

専用端末が不要！ブラウザ打刻のタイムレコーダー「Focus U タイムレコーダー」

「Focus U タイムレコーダー」は、高価なタイムレコーダーを必要としません。お持ちのPCやタブレット、スマートフォンを使って、すぐに出退勤打刻を始めることができます。

打刻の方法は複数のパターンをご用意しており、ご利用になるシーンにあわせて選択することができます。今後も打刻方法のバリエーションは順次増やしていく予定です。

価格：毎月のご利用人数による月額利用料（税別）
30人まで3,000円、50人まで、5,000円、100人まで8,000円。以降月額利用料はご利用人数50人毎に設定。http://www.focus-u.jp/time/
「Focus U タイムレコーダー」は最大2ヶ月間の無料トライアル期間をご用意しております。

毎月の勤怠の締日が近づくと、担当者は大忙し。締日後に各拠点から送られてくる紙のタイムカードや出勤簿、エクセル等のチェック、集計、確定処理を短い期間でまとめて処理しなければならないからです。そのため、この時期の残業は仕方ないと覚悟している担当者も多いのではないでしょうか。しかし残業による集中力の低下は、ミスを引き起こす要因になりかねません。結果として業務効率は低下し、担当者のストレスは増すばかりといった負の連鎖が繰り返されてしまいます。「Focus U タイムレコーダー」を使えば、こうした課題は解決できます。

PCやタブレットから打刻したデータはサーバに反映され、いつでも出退勤の把握が可能になります。これにより、締日を待つことなく打刻漏れや打刻ミスなどへの対処ができるので、担当者の業務負担の軽減につながります。

セールスポイント

「Focus U タイムレコーダー」は社内にあるPC・タブレット等、ブラウザ閲覧可能な端末であれば、すぐにタイムレコーダーとしてご利用いただくことができます。打刻結果はリアルタイムでサーバに反映され、担当者はいつでも「いま、誰がいるか」のチェックが可能です。1人1人の打刻データは各勤怠就業管理ソフトに連携することができます。

メリット

・利用シーンにあわせて打刻方法が選べる
自分のPCでの打刻や、社員共有のPCやタブレットを使っての打刻など、複数の打刻方法が選択できます。
・いつでも社員の勤務状況が確認できる
ひと目で在社状況が確認できるほか、「最近残業が多い社員がいる」といった業務実態の把握にも活用できます。
・打刻データは勤怠就業管理ソフトへスムーズに連携できる
「弥生給与」「就業大臣」「クロノス」「PCA就業管理」をお使いの場合は、出力したcsvファイルを一切加工することなく、そのまま勤怠データとして連携させることができます。
その他のソフトの場合は、「汎用」を選択することで連携が可能です。

お奨めしたいユーザー

・出退勤打刻を紙のタイムカードや、手書きの出勤簿、エクセル等で管理し、締日後にまとめて処理を行っている方
・毎月複数拠点（店舗）の集計を行っている方
・低価格で必要な機能に的を絞った、クラウド型の出退勤打刻のサービスをお探しの方

■ Company Profile

キャップクラウド株式会社

キャップクラウド株式会社は、「必要な情報を、必要な時に、必要な人へ」をミッションに、「Focus U」をはじめとするクラウドサービスを用いた、中小企業の業務情報の活用サービスを提供しております。

本社所在地：〒150-0002　東京都渋谷区渋谷1-8-3　TOC第1ビル8F
TEL：03-6824-1006（代）　FAX：03-6862-5004
http://www.capcloud.co.jp/
製品に関する問合せ先（お見積りなど）
担当者：澤口
TEL：03-6824-1007
E-mail：support@focus-u.jp

CAP CLOUD

営業を強くする名刺管理「Sansan」

導入企業2000社超、業界シェアNo.1
世界初の『営業を強くする名刺管理』

> クラウド型アプリケーション、名刺スキャナ機器の貸与、カメラアプリ、名刺情報のデータ化処理がオールインワンになった月額課金サービス。
> 価格：3500円/ID/月～（別途ボリュームライセンスあり）

> 「営業を強くする名刺管理」をコンセプトに、名刺を企業の資産に変えるSansan。人力による正確な名刺情報DBと、組織で人脈情報を共有し、顧客管理や営業支援に幅広く活用するアプリケーションを提供します。

> 名刺に記載されている情報を基に日経テレコンやダイヤモンドの人事異動情報や、Webニュースサイトから最新の企業情報を取得して配信。自動的に顧客情報は常に最新に保たれ、営業活動に役立つ情報が提供されます。

専用端末またはスマートフォンの専用アプリで名刺をスキャンすると、読み取った名刺の情報がSansanのサーバに送信されます。専属オペレータにより、精度ほぼ100％の正確な名刺データベースが作成されます。入力言語は日本語・英語・中国語の3カ国語に対応。

この名刺情報データベースから営業リストやメール配信リストを簡単に作成でき、顧客アプローチを効率化できるほか、商談や案件情報を社内で共有し情報の可視化を行うことができるので、マネジメント層の数値管理から営業力の強化まで、営業活動の基盤となります。

セールスポイント
世界初の企業向けクラウド名刺管理サービスとして導入企業2,000社超え、市場シェアは約8割で業界No.1※を獲得。俳優の松重豊の「それさぁ、早く言ってよぉ～」というセリフで話題のTVCMを展開。駐日米国大使賞やグッドデザイン賞など国内・海外で評価され特許を取得。またPマークを取得、自治体や金融業でも導入されるなど高度なセキュリティレベルをクリアしています。
※2014年 シード・プランニング調べ

メリット
営業の効率化と、組織的な営業力向上が同時に可能になります。
ユーザが名刺をスキャンするだけで、オペレータが名刺情報を人力で正確にデータ化。営業担当の日々の業務を圧倒的に効率化します。また組織内で人脈情報を共有・可視化できるので、効果的な組織営業を実現。その名刺情報を基点に一括メール配信やマーケティング活動を行う機能も備え、顧客との接点をもれなく確実に収益に結び付けることができます。

お奨めしたいユーザー
人材、商社、 金融、製造・メーカー、不動産、建設、通信、Webマーケティング、ITサービス、メディア、コンサルetc…上場企業からベンチャーまで名刺交換を行う全ての業種で活用されています。一般企業の法人営業部門を中心に、近年では士業、飲食・サービス、地方自治体、議員事務所、NPO等でのご利用も増えています。

■ Company Profile

Sansanは"ビジネスの出会いを資産に変え、働き方を革新する"ことをミッションに、世界を変える新たな価値の創造を目指しています。2007年の創業より一貫してクラウド名刺管理事業のみを行っており、法人向けクラウド名刺管理サービス『Sansan』と個人向け名刺管理アプリ『Eight』を提供しています。

Sansan株式会社

本社所在地：〒150-0001 東京都渋谷区神宮前5-52-2 青山オーバルビル13F
TEL：0800-100-9933　FAX：03-3409-3133
http://jp.sansan.com
製品に関する問合せ先（お見積りなど）
担当部署：Sansan事業部 マーケティング部　担当者：Sansan営業担当宛
TEL：0800-100-9933／不通の場合 03-6419-3033　E-mail：inquiry@sansan.com

iHere（アイヒア）

「私はここよ！」と知らせるサービス
みまもりGPSやスマートフォンで格安な動態管理を！

エリア定義で位置把握
管理画面で地図上にエリア定義をすると、動態がエリアを出入りした場合に管理画面に通知表示されるため、動態の位置把握がやり易い。

専用アプリで複数人に管理対象を同時表示
専用アプリ「iHere-Look(無料)」により、複数の人が同時に特定の管理対象(動態)の位置を表示する事ができます。
これは、送迎バスや移動販売等の運行状況を関係者や第三者にスマートフォンなどで見せたい場合に最適です。

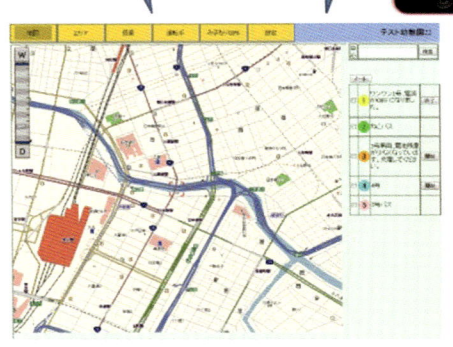

iHereは、車両搭載専用GPS装置（車載機）の代わりに、みまもりGPS(*1)もしくはスマートフォン(*2)を利用した、動態管理クラウドサービスです。管理PC側もインストール不要で登録後に直ぐに利用を始める事が出来ます。

管理画面はPCを利用
管理画面はPCのブラウザを利用しており、管理対象のみまもりGPS(*1)、スマートフォンを問わず一括で管理できます。ブラウザだから、PC側もインストール不要です。

スマートフォン(*2)にも対応
スマートフォンも利用可能です。既にスマートフォンを導入されているお客様は、導入済みのスマートフォンを利用する事で、更にコストを抑える事ができます。

(*1) みまもりGPSは、ソフトバンクモバイルの製品です。　(*2) 無料の発信専用アプリを利用

セールスポイント
車両は管理したいが、車載機を導入するとコストが嵩む。
また、管理対象車両が変わる事があるため、車載機の導入がしづらい。
人の位置管理をしたいけど…当然、人の位置管理には車両搭載専用GPS装置は使えません。
iHereなら車載機不要で携帯出来る端末で管理を行うためこれらの問題も解決出来ます。

メリット
とにかくローコストで動態管理が始められ、移動履歴も表示可能。
本格的な車載機を利用したシステム導入前の検証にも利用可能です。
エリア定義を送迎先とした簡易日報も出力できます。

お奨めしたいユーザー
・コストを抑えて車両の位置等を管理したい運送業者
・送迎バスを運行している幼稚園、デイサービス業や自動車教習所
・人の位置を管理したいと考えている施設の方々にお勧めします。

■ Company Profile

日本で最初にCurl言語を導入、実用アプリケーションを開発。
そして今はまた、スマートフォンや簡易GPS機器を利用した動態管理クラウドシステムを挑戦的な価格で提供してる。

クオリテック株式会社

本社所在地：〒101-0032　東京都千代田区岩本町2-10-9　手塚ビル3F
TEL：03-5829-6254　　FAX：03-5829-6354
http://www.q-tec.com
製品に関する問合せ先（お見積りなど）
担当部署：営業部
担当者：藤原
TEL：03-5829-6254　　E-mail：sales@q-tec.com

CIMA Chart SaaS

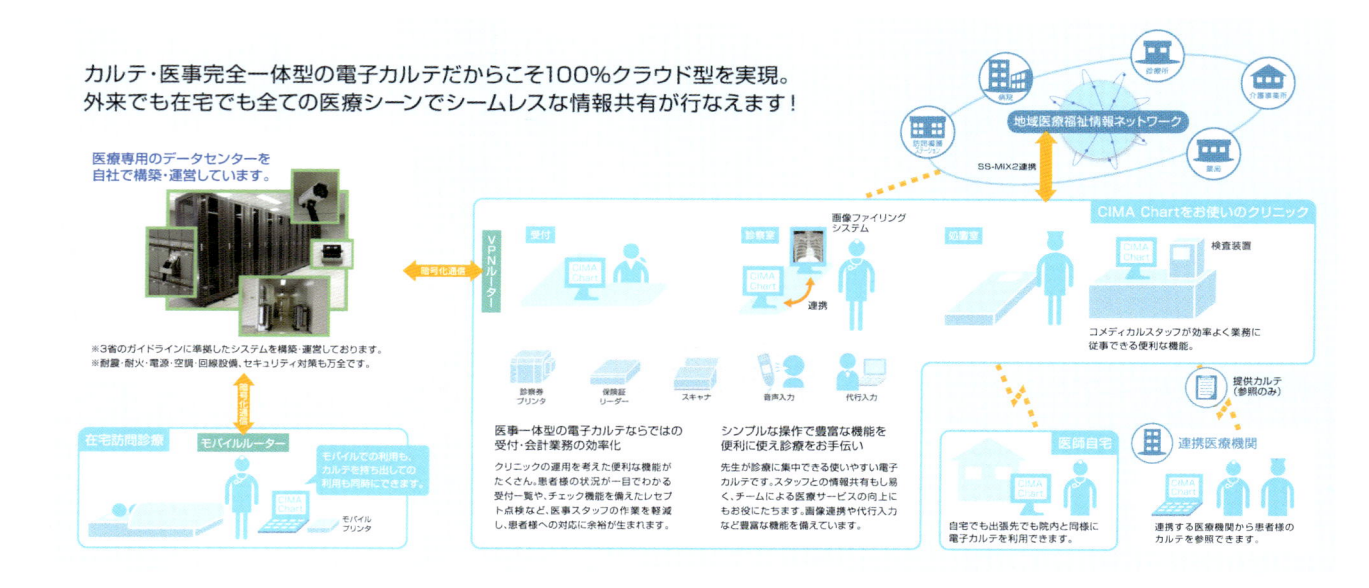

医療情報ネットワークを活用する、どこでも使える・つながる電子カルテ

カルテ・医事完全一体型の電子カルテだからこそ100%クラウド型を実現。
外来でも在宅でも全ての医療シーンでシームレスな情報共有が行なえます！

医事一体型の電子カルテならではの受付・会計業務の効率化
クリニックの運用を考えた便利な機能がたくさん。患者様の状況が一目でわかる受付一覧や、チェック機能を備えたレセプト点検など、医事スタッフの作業を軽減し、患者様への対応に余裕が生まれます。

シンプルな操作で豊富な機能を便利に使え診療をお手伝い
先生が診療に集中できる使いやすい電子カルテです。スタッフとの情報共有も易く、チームによる医療サービスの向上にもお役にたちます。画像連携や代行入力など豊富な機能を備えています。

- クラウド方式により「いつでも」、「どこから」でも安心して使えるオールインワン（医事会計一体型）の使いやすい電子カルテです。
- 在宅医療・訪問診療を行うクリニックを含め、幅広くお使いいただいています。患者様宅、医師自宅や出張先などから、暗号化通信技術により安全に電子カルテを利用できます。

セールスポイント
① シンプルな画面構成と使いやすい操作性
② 端末ライセンス無料で台数制限なし
③ 複数クリニックでカルテ情報の共有が可能
④ サポートが充実

メリット
① 迅速な情報共有によるチーム医療の提供や相互チェックによるサービスの質向上を支援
② 業務効率化による経営資源の最適な配分を支援

お奨めしたいユーザー
中長期的に規模拡大を想定されている診療所

■ Company Profile

1984年（昭和59年）に創業し、約30年が経ちます。メインフレーム全盛期から、パソコンを中心とするクライアントサーバシステム、インターネット・イントラネットのWebアプリ、そしてクラウドコンピューティングの時代へと大きく変化して来ました。時代の要求に応じて、新しい技術を取り入れ、絶えず、より良い品質・より高い技術を追求し、最適な価格でサービス提供できるよう努力を続ける企業です。

株式会社テクノプロジェクト

本社所在地：〒690-0826　島根県松江市学園南2丁目10番14号
　　　　　　タイムプラザビル
TEL：0852-32-1140　FAX：0852-32-1160
http://www.tpj.co.jp/cima_chart/
製品に関する問合せ先（お見積りなど）
担当部署：ソーシャルビジネス推進部　担当者：平野（ひらの）
TEL：0852-32-1146　E-mail：info@tpj.co.jp

iQube

社内ノウハウを蓄積し、業務を効率化

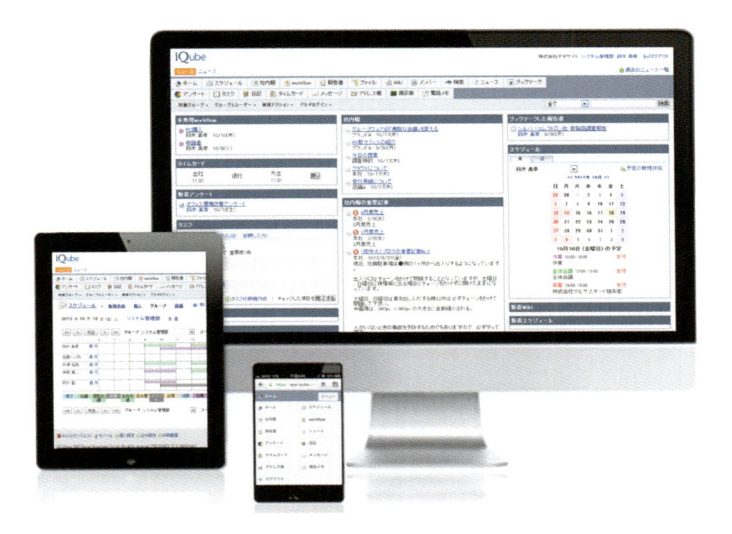

クラウド型グループウェアiQubeは1IDにつき月額400円からスケジュールやレポート、ワークフローなど基本的な15種類の機能がご利用いただけます。また、10名まで無料で無期限ご利用できる無料プランも用意しています。

PCからはもちろん、スマートフォンからのご利用にも最適化されたインターフェースを用意しており、社内外問わず使いやすいかたちでiQubeをご利用いただけます。

iQubeのセキュリティ対策として、全ページへの通信を暗号化するSSL通信や接続可能端末をIPアドレスごとに制限することが可能です。その他にもファイアウォールの設置など厳重なセキュリティ対策を徹底しております。

iQubeは社内ノウハウの蓄積に特化した15種類の機能を実装。iQube上に社内ノウハウをストックしていくことによって、情報が属人化しない働きやすい組織作りを促進します。直感的に使えるユーザーインターフェースや社内情報ストックに関しての機能で高い評価を得ており、2011年と2012年には日経コンピュータ主催のクラウドランキングで2年連続ベストサービス賞を受賞し、現在では9,000社以上の企業が導入しています。2014年からは10名まで無料で無期限使えるiQube無料プランをリリースしました。

また、お客様のご利用サポートにも迅速に手厚く対応しています。グループウェアは初めての企業でも使いやすいよう、導入前後の使い方レクチャーや社内勉強会も無料でサポートしています。その他にもアカウント初期設定やワークフローのフォーマット作成を無料で代行します。

セールスポイント

10名までは無料で、スタンダードプランは業界最安値クラスの1ID月額400円から利用を始められます。
各機能の作成コンテンツごとに開示先を細かく設定でき、社内情報を厳重に管理できます。またワークフローや社内Wikiなどの機能において詳細な設定が可能で、現在の社内ルールをそのままにiQubeをご利用いただけます。
またプランにかかわらずSSL通信やアクセスIP制限機能などのセキュリティ機能が無料で利用できます。

メリット

グループごとに情報をカテゴライズすることで適切な情報共有が可能になり、社内ノウハウを蓄積できます。またスケジュールとToDoリスト、レポートが連携できるためグループウェアを利用する文化が社内に定着します。そしてスマートフォン用画面からの利用によって社内外問わず最新情報を共有できるようになります。

お奨めしたいユーザー

拠点を複数持ち大量の社内情報を抱えているIT企業や、紙媒体での情報共有が多い士業のお客様におすすめいたします。10名以下の小規模企業には無料プランを、11名以上の企業はスタンダード・プレミアムプランが最適です。資料やその他ファイルをiQube内でカテゴリごとに分類して管理することで、情報が属人的にならない組織を実現できます。

■ Company Profile

株式会社ガイアックスの子会社である株式会社ソーシャルグループウェアは2008年よりクラウド型グループウェアiQubeの開発・販売を始めました。その他にもWEB集客支援サービス「Comitia」や2013年からは議員向けWEB制作サービスなどを展開しています。

株式会社ソーシャルグループウェア

本社所在地：〒141-0031　東京都品川区西五反田1-21-8
　　　　　　KSS五反田ビル8階（総合受付：6階）
TEL：03-5759-0301　FAX：03-6893-1425
http://www.s-gw.co.jp
製品に関する問合せ先（お見積りなど）
担当部署：営業部　担当者：森永晋平
TEL：03-5759-0301　E-mail：shinpei.morinaga@gaiax.com

Social Groupware

現場支援 フィールド・ネット

建設現場の工事状況が一目瞭然！
経営者・現場監督を支える新しいクラウドサービス。

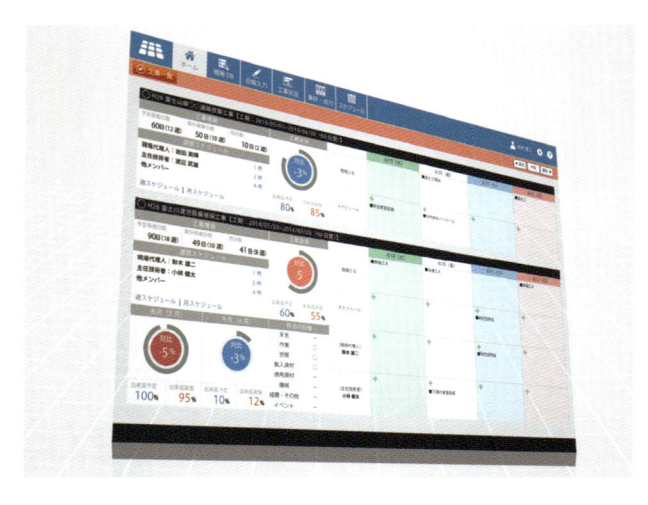

価格：要お問合せ
動作環境：要お問合せ
【OS】Windows 8.1対応、【ブラウザ】Internet Explorer 9以上、Google Chrome最新版に対応。

施工管理ソフトウェアシェアNo.1「デキスパート」の建設システムが提供する、待望のクラウドサービス第一弾。

クラウドシステムの構築として活用している環境は、マイクロソフトのクラウドサービス「Azure」。信頼できる環境にデータを保管できるだけでなく、使いやすさも実現。

建設業者（経営者・現場監督）向けクラウドサービスです。
労働人口が減少していく中で、施工の現場では安全性や品質の向上という課題をクリアしていかなければいけません。「現場支援 フィールド・ネット」は、工事現場の状況を把握して適切な資源配置を行うことが求められる経営者・現場監督の皆様を支援するクラウドサービスです。
入力した情報を瞬時に共有することができるため、「現場で入力した今日の作業報告と明日のスケジュールを、会社にいる経営者がリアルタイムに把握する」といったフローもかんたんに実現します。

また、工事日報の情報を整理しながら保存していくため、工事の「今」を閲覧するだけでなく、工事の「過去」も閲覧できるようになります。蓄積された各情報は、期間や条件を設定して集計・出力することができるので、様々な戦略に役立てていくことが可能です。

セールスポイント
日々変化する工事の状況を把握することができれば、経営資源をもっと有効に活用することができる。経営者や現場監督が抱えていたこの想いに応えて開発されたのが「現場支援 フィールド・ネット」です。
資源配置に必要な情報を見える化できるので、工事の進捗状況を把握し、最適な配置へと導きます。

メリット
今までの工事現場において、「個人」だけに蓄積されていた様々な経験やデータを、クラウドサービスに記録し情報共有することで会社全体の財産にかえることができます。
「現場支援 フィールド・ネット」では、日々入力した行動や情報を、ベテランから若手へ手間なくノウハウを共有したり、伝承したりしていくことができます。

お奨めしたいユーザー
建設業者向け（大規模〜小規模）。経営者向けと現場監督向けの機能を搭載しているため、資源の最適化を行いたい経営者や、担当工事の管理を効率的で安全に進めたい現場監督にお奨めです。5ライセンスから導入可能です。

Company Profile

創業26年の開発ノウハウを活かし、建設土木専門メーカーとして高度な専門ソフトを開発。メイン製品の施工管理システム「デキスパート」は全国No.1の導入実績を誇ります。また、建設業界のIT促進に最も貢献したと認められ、経済産業省の「平成18年度情報化促進貢献システム表彰」を受賞しました。

株式会社建設システム

本社所在地：〒417-0862　静岡県富士市石坂312-1
TEL：0545-23-2600　FAX：0545-23-2601
www.kentem.jp
製品に関する問合せ先（お見積りなど）
担当部署：営業部 営業支援課
担当者：一瀬 真理
TEL：0545-23-2600　E-mail：spl@kentem.co.jp

ネットラーニングプラザ

社員数300名以下の中堅・中小企業様向け定額制eラーニング研修サービス

NLplaza
ネットラーニングプラザ

■ 安心・お得な定額制！
御社の研修プランにあわせ、いつでも自由に、社員に受けさせたい研修を実施できます。

■ 豊富なコースラインナップ！
コンプライアンス、個人情報保護、ビジネススキル、語学、Microsoft Officeシリーズなど、約130のラインナップより自由に組み合わせてご利用いただけます。

■ eラーニングで全社員研修！
eラーニングなので、各受講者のあいた時間で学習が可能。集合研修に比べ、忙しい社員も自分のペースで受講が可能です。

ネットラーニングプラザは、社員数300名以下の企業限定の定額制eラーニング研修サービスです。定額制のため、費用を気にすることなく、約130コースの中から何コースでも受講いただけます。
eラーニングを活用することで、受講者にあわせてスケジュールを組むことが可能ですので、集合研修のように大幅に時間を割く必要がありません。
また、豊富なコースをご用意していますので、全社員教育、階層別教育、新人教育、自己啓発などにあわせたご利用が可能となります。大手企業で活用されているのと同じ、学習効果の高いコースをご利用いただけます。
さらに、管理者画面から学習成績や受講の進捗、修了履歴、受講後のアンケートなどの確認が可能ですので、研修の提供のみならず、実施の効果まで確認することができます。
詳しくはこちらをご覧ください。お申し込みも可能です。
http://www.netlearning.co.jp/NLplaza/index.asp

セールスポイント

驚きの低価格！
通常／1,000円〜18,000円のコースを、1社あたり月額／5,000円(※)からの定額で、大手企業でも活用されているeラーニング約130コースから何コースでも受講いただけます。入会金は不要。月額基本料のみで、受講管理機能もご利用いただけます。
※社員数によって基本料が異なります。

メリット

受講者がログインページから直接コースを申し込み、即開講できるので、受講者情報を取りまとめていただく手間がかかりません。
学習進捗情報も管理画面で一元管理できるので、通常に比べて研修担当者の負担が大幅に削減されます。また、学習の機会を与えることによって、従業員のモチベーションアップにもつながります。

お奨めしたいユーザー

業種を問わず、下記の研修をお考えの企業。
・全社員対象のコンプライアンス意識向上
・Microsoft Officeスキルの向上
・受講者がコースを選ぶ自発学習
・ビジネスの基礎を学ぶ新人研修
・語学力を身に付ける
・マネジメントスキルを身に付ける
など

■ Company Profile

約2600万人の受講実績、4,223社の導入実績を持つ国内最大手のeラーニング専業会社。eラーニングを活用した人材育成ソリューションをワンストップで提供している。多数の導入実績に基づくラーニング・デザインや人による運営サポートを取り入れ、高い満足度と修了率90％以上を実現している。

株式会社ネットラーニング

本社所在地：〒160-0023 東京都新宿区西新宿7-2-4 新宿喜楓ビル3階
TEL：03-5338-7433　FAX：03-5338-7422
http://www.netlearning.co.jp/
製品に関する問合せ先（料金など）
担当部署：コースウェア事業部
担当者：渡邊 隆浩
TEL：03-5338-7433　E-mail：takahiro.watanabe@nl-hd.com

NetLearning

Woman & Crowd

クラウドソーシングを新しい働き方のスタンダードに！
Woman＆Crowdは女性の「はたらく」を応援しています。

Woman & Crowd（ウーマン＆クラウド）とは、18歳以上の女性を対象としたクラウドソーシングサービスです。仕事をしたいワーカーと、仕事を依頼したいクライアント（個人・法人）をマッチングし、オンライン上で仕事の依頼、納品、決済が可能なプラットフォームとして、マイクロタスクを中心とした仕事を提供しています。

Woman＆Crowdのワーカー層は、20代〜40代のAmebaブロガーが多く、質の高い記事を書くことができ、多様なニーズのライティング案件にも柔軟な対応が可能です。また、SNSを積極的に利用しているインフルエンサーが多いですので、PR面での拡散力も期待できます。

サービス開始1年で女性ワーカー数は約6万人、掲載されたお仕事数は33万件を突破致しました。（2015年1月時点）
フリーランスとして働く方や専業主婦、産休・育休中の方、離職中の方、副業として活用されている方など、幅広いワーカーの皆様にご利用いただいています。

女性の働き方が多様化する現代において、出産により退職する女性が6割を占めるなど、結婚や出産などのライフステージの変化に伴う、女性の就業に関する課題は多く存在します。

当社は、自分の都合に合った仕事をインターネット経由で受託できるクラウドソーシングサービスを提供することで、女性が新たに仕事をする機会を創出し、「女性の新しい働き方」を提供していければと考えています。

STRIDE（ストライド）の社名は「Stride=大股で堂々と歩く、闊歩する」に由来しています。その名の通り、女性が元気に生き生きと人生を歩めるよう、少しでも貢献できれば幸いです。

セールスポイント

女性特化型のクラウドソーシングサービス、Woman＆Crowdは、20代〜40代の女性を中心に、記事作成などのライティングに強みを持ち、かつ情報感度の高いワーカーを多く抱えております。また、競合サービスと比較して、クライアント側・ユーザー側それぞれのインターフェイスが非常にシンプルで使いやすいとのご意見を頂戴しております。
女性向け商材を扱う事業者様にとっては、Woman＆Crowdをご利用頂くことによって貴社のPR活動やCSRの向上にもご活用頂けます。

メリット

登録からお仕事掲載まで、完全無料でシンプルで使いやすいシステムとなっていますので、細かいタスク単位で、必要な時に必要な分だけ、簡単にお仕事を発注することが可能となります。また、登録したスキルなどの情報をもとにお仕事と女性会員のマッチングを行いますので、適したワーカーが見つかりやすくなります。さらに、継続してお仕事を依頼したい方をお気に入り登録することで、特定の方にお仕事をオファーする機能もあります。

お奨めしたいユーザー

18歳以上の女性に特化したクラウドソーシングサービスとなっていますので、女性が活躍できるお仕事を幅広くご紹介できます。結婚や出産、子育て、介護などのライフステージの変化によって、働く機会を得ることが難しい方や、フリーランス、副業の方向けに、空いた時間で手軽に取り組んでいただけるものから、これまでの経験や実績を活かせるもの、更にスキルアップできるものまで、新しい働く機会を創出します。

Woman & Crowd

株式会社STRIDEは女性に特化したクラウドソーシング事業を行っています。STRIDEはAmeba事業で著名なサイバーエージェントの子会社であり、そこから流れてくる登録者が多く、ブログ等で物を書くことに慣れた優秀な女性が多いのが特徴です。女性の素養を活かし、女性が活躍しやすい場を提供し、優秀な女性の力を必要とする企業様に貢献しています。2015年1月時点で約6万人の卓越した女性会員がいますが、毎月登録者数は増えており、春ごろには10万人を突破する予定です。専門能力や資格をもった人、フリーランスとして働く人など、さまざまな会員がいます。お仕事の依頼形式には2つの形式があり、ワーカーが納品したものに対し承認か却下の判断をしていただく「承認形式」と、応募があったワーカーの中から最適な人を選び、契約後に作業へ進む「採用形式」があります。STRIDEでは、企業と、働きたいという意欲の高い女性を、Woman&Crowdのプラットフォームを介してマッチングし、女性の「はたらく」をもっと元気にしたいと願っております。

Case Example

ご利用企業様には、女性特化型のクラウドソーシングプラットフォームならではのメリットを活かした、女性向けサービスのアンケート調査や、コンテンツ企画、商品開発などにご利用いただいております。

株式会社アシックス
株式会社フェリシモ
敷島製パン株式会社
栄光ホールディングス株式会社
三起商工株式会社
※その他化粧品会社、EC事業者など多数

Company Profile

弊社は2014年9月1日に、サイバーエージェントの100%子会社として設立されました。「女性の"働く"を応援する」をコンセプトに、女性向けクラウドソーシング事業を行っております。2013年12月にmama&crowd（ママ＆クラウド）としてサービスを開始しておりましたが、会社設立に伴い、Woman&Crowd（ウーマン＆クラウド）に改称し、女性全般向けのクラウドソーシングプラットフォームを運営しております。

株式会社STRIDE

本社所在地：〒150-0044　東京都渋谷区円山町28-1
Daiwa渋谷道玄坂ビル8階
TEL：03-4589-5178　FAX：03-5459-8635
http://stride-inc.co.jp/
製品に関する問合せ先（お見積りなど）
TEL：03-4589-5178
E-mail：info@stride-inc.co.jp

ハンドクラウド

全てのプロジェクト管理をオンライン上で、よりシンプルに、より効率よく、よりシームレスな共同作業を実現します。

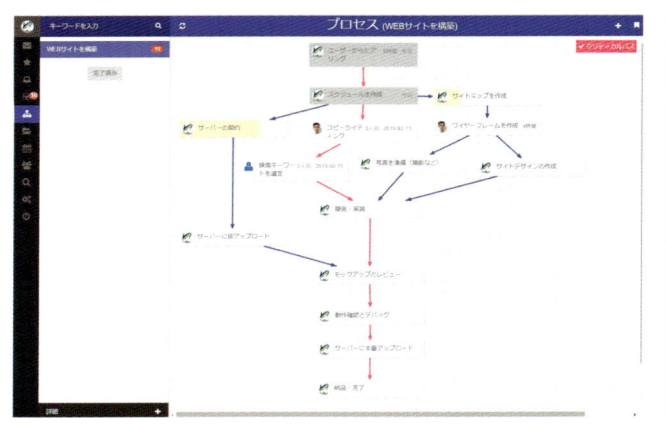

ハンドクラウドは、プロジェクトにおいて納期遅延、予算超過などの問題を抱える企業向けの「プロセス型タスク管理」クラウドサービスです。工数・コストの見積もり、工程管理、人材スキル管理などを、チームでシンプルに、リアルタイムに情報共有することができます。

さらに、どこからでも簡単に、パソコンだけでなく、スマホ・タブレットで、仕事を確認できるため様々な業種・業務の人材と協力して、作業をすることができます。

上図のように仕事を流れを表現（プロセス化）できるため、突発的な作業が発生しても、全体的なリスクや優先順位を考えた対応が可能になります。また、テンプレート機能があるため、知識を共有するだけでなく継承して、より良いビジネスプロセスをつくることが出来ます。

セールスポイント

- 仕事を見える化で生産性向上
- 情報の共有でチームで共同作業
- 人材のスキルやリソースの多様性の活用
- プロセス化で複合的な優先順位付け
- テンプレート化で知識の継承

メリット

ハンドクラウドで、チームで簡単にプロジェクト管理ができ計画・予算通りにプロジェクトを完結させることができます。さらに、テンプレート機能によって、使えば使うほど生産性の高い仕事が出来るようになります。

お奨めしたいユーザー

- インターネット通販企業様
- コンサルティング企業様
- ソフトウェア開発企業様
- Webサイト開発企業様
- ベンチャーキャピタル系企業様
- その他、恒常的にプロジェクト方式で業務遂行を行っている企業様
- BPOを検討されている企業様
- アウトソーシングの活用を検討中の企業様

> ハンドクラウドは、プロジェクト管理で問題を抱える企業向けの、プロセス型タスク管理クラウドサービスです。チームでタスクをシェアして、どこからでも簡単に、パソコン・スマホ・タブレットで、仕事をオンライン上で管理することができます。

> また、人材不足でも、新たに人材を雇用できない問題を抱えてる企業向けに、タスクを外部に依頼することもできます。依頼されたタスクは、専門エージェントによって、該当する人材の評価・選定やビジネスプロセス作成の支援いたします。

株式会社リフラックスはアプリ開発・WEBサービス・ECサイト構築カスタマイズなど専門性の高い分野において、国内外の知識・技術力の高い、オフショア会社やフリーランスに低コストで、スピーディーに依頼できるサービスを提供している企業です。ハンドクラウドは、弊社が自信をもってお勧めする、プロセス型タスク管理クラウドサービスです。

特定の企業や個人に依存してしまい、コストや納期の面での課題解決が困難な状態になったり、作りたいものはあるのに、成果物のイメージが分からず、先に進めることができなかったり、設計まではできるものの、実際にそれを動かす人材がいなかったり、とさまざまな問題に直面し、せっかくのプロジェクトが遅れて無駄なコストや機会損失が発生することがあります。是非弊社にお任せください。高度な技術や知識を持った優秀なチームに仕事を依頼することで、スピーディーに低コストで解決することが可能となります。要件分析から、調達先の選定、導入・メンテナンスなどの管理業務は、エージェントと呼ばれるディレクション担当者による安心サポートをオプションで付けることが可能です。

Case Example

南進貿易様では、同社運営通販サイトのバージョンアップ及びカスタマイズをご依頼いただき、クラウドエントランス上で開発者のマッチングを行いました。開発チーム決定後は、クラウドエージェントがハンドクラウドを用いてプロジェクト管理を実施し、現在新サイトオープンに向けた開発作業が進行中です。会計事務所様、コンサルティング企業様では、それぞれのクライアント先様での事務処理手順等の共有を目的として、ハンドクラウドを導入していただいております。
その他アパレル関連サービス企業様では、営業プロセス改善を目的として、建築・木材卸売企業様では作業工程管理を目的として、ハンドクラウドを導入していただいております。

南進貿易様(バッテリー輸入販売・通信販売)、会計事務所・コンサルティング企業様、アパレル関連サービス企業様、建築・木材卸売企業様

■ Company Profile

「世界中の多様性をつないで、働くをもっと楽しくする」
「常識という流れに逆流(Reflux)というイノベーションをおこし続ける」
をコンセプトに新たな働き方を創造するためのツールやサービスを提供しています。

株式会社リフラックス

本社所在地：〒810-0041 福岡県福岡市中央区大名2-4-22
　　　　　　新日本ビル3階
TEL：050-3577-2014　FAX：050-3737-9056
http://reflux.jp/
製品に関する問合せ先（お見積りなど）
担当者：濱田 憲一
TEL：050-3577-2014　E-mail：info@reflux.jp

Reflux

アサインナビ

IT・コンサルティング領域に特化したクラウドソーシングサイト

アサインナビ（https://assign-navi.jp）はITプロジェクトにおける「仕事を依頼する側」と「仕事を受ける側」が直接出会えるクラウドソーシングサイトです。システム開発等のお仕事を、インターネットを通じて依頼することが可能です。

仕事を探している会員は企業情報や個々のスキル経験を登録しておくことで、仕事の相談を受ける可能性が高まります。取引はインターネットがあれば、いつでもどこでも行うことができます。

立ち上げから1年で登録企業数600社以上！
【専門スキル、経験、金額、期間、稼働率、商流など】必要な情報を可視化していることで、条件にあった相手にたどり着くことができます。

日本のIT業界では多重請負構造が慣習化しているなか、いつも仕事を依頼する取引先だけでは依頼先が足りなくなっています。弊社が運営するアサインナビ（https://assign-navi.jp）は、クラウド（群衆）ソーシング（業務委託）であり、まだ出会えていない多くのIT企業やコンサルタント・ITエンジニアに仕事を依頼することができるようになりました。大手企業をはじめ、フリーランスなど多くの方々に、ビジネスチャンスを広げるツールとしてご活用いただいております。2013年12月に立上げてから1年で、登録企業数は600社を超えています。サイト上では仕事への応募状況の管理まで行うことができ、複数のプロジェクトに応募する方にも便利な機能が充実しています。会員同士での交流の場を増やしたいと考え、昨年末からサイト以外に交流会や商談会、セミナー等を開催しております。現在会員登録は無料で2015年春から事業本格化に伴い一部有料化をスタート致します。

セールスポイント
一般的なクラウドソーシングサイトは、記事執筆やロゴ作成などの小規模な仕事が多いのですが、アサインナビが扱う仕事は金融機関のシステム開発や、アジア諸国へのビジネス展開といった大規模な仕事を扱います。アサインナビはIT業界で慣習化している多重請負構造ではなく、企業から直接仕事を受けることができるため、コミュニケーションロスがなく、受注できる仕事の金額も高めとなっています。

メリット
会員登録するだけで新たなネットワークを獲得し、ひいてはマッチングの可能性を向上させる事ができます。アサインナビが数多くの企業やフリーランスを集め、ネットワークは常に拡大し続けます。サイトにアクセスすれば、新たなネットワークを容易に獲得できます。またサイト上以外にも交流会や商談会で会員同士が直接顔を合わせることも可能です。

お奨めしたいユーザー
ITに携わる仕事において、仕事の依頼先を探している企業様、仕事を探している企業様、またはフリーランス（コンサルタント、ITエンジニア）等にお奨めです。協業先を増やしたい方はイベントにご参加頂くと更に交流先が増えます。
例：ERPパッケージ導入コンサルタント、PMOコンサルタント、Java開発エンジニア、ゲーム開発プログラマー、金融システム開発者

Assign Navi

Q：アサインナビの特徴を教えてください。

A：一つ目の特徴は、IT領域に特化したクラウドソーシングサイトだということです。次に、仕事と人材情報を無料で閲覧できること。最後に会員向けのイベントを開催していることです。

最初の特徴についてですが、アサインナビにはシステム開発等のITの仕事情報、ITの専門知識を有した人材の情報が一か所に登録されています。そのため、ITに関する仕事・人材情報であれば、検索サイトなどで探すよりもずっと効率的に探すことができます。会員登録をすれば、これらの情報を無料で閲覧できるのが二つ目の特徴です。無料で会員登録をすることで、仕事情報、人材情報を自由に探すことができます。

Q：クラウドソーシングサイトとしての特徴は理解できたのですが、ウェブ上だけでなく会員向けのイベントも開催しているのはなぜでしょうか。

A：ITの仕事はものを作って納品すればそれで終わりだと思われることも多いです。しかし、実際は人と人が対面でコミュニケーションを取りながら業務を進めることが大事な世界なのです。アサインナビはただのウェブサイトではなく、会員向けサービスと捉えています。そのため会員向けセミナー、交流会などの対面のイベントも開催しており、会員様よりご好評をいただいております。

代表取締役社長
吉田 悦章

Case Example

【仕事を依頼する】某ITコンサルティング企業ではプロジェクトの時期によって、顧客の業種にあった専門領域の経験者や少数の技術者が必要な場合、一時的に協力を依頼する場合に活用いただいております。アサインナビで出会った協力会社とは継続的なお付き合いとなり、助かっているとのお言葉をいただいております。

【仕事を探す】スタートアップのベンチャー企業がサービスを利用しはじめて2ヶ月で面談20回以上、成約が2件あり良い出会いがあったと仰って頂きました。1件は、レジュメ登録をしたところ、案件元からスカウトが届き、もう1件は、稼働が空く旨を伝える機能を使ったところ、翌日に案件元からスカウトが届き、どちらも成約に至りました。

※ご利用企業様（一部ご紹介）
株式会社NTTデータ グローバルソリューションズ
株式会社NTTデータ経営研究所
キングソフト株式会社
株式会社シグマクシス
バーチャレクス・コンサルティング株式会社
ヴァイタル・インフォメーション株式会社
フューチャーアーキテクト株式会社
プライスウォーターハウスクーパース株式会社
株式会社もしもしホットライン
株式会社ロココ
株式会社ワイ・ディ・シー

■ Company Profile

案件とITエンジニア・コンサルタントをつなぐクラウドソーシングサイトを運営しております。親会社である株式会社エル・ティー・エスはシステム導入や業務改善などのコンサルティングを行う会社で、IT業界の課題解決に役立ちたいという想いから設立致しました。

株式会社アサインナビ (Assign Navi, Inc.)

本社所在地：〒160-0022 東京都新宿区新宿2-8-6
KDX新宿286ビル2F（受付）・3F
TEL：03-5312-7009　FAX：03-5312-7011
http://assign-navi.com/
製品に関する問合せ先
担当者：青木 満
TEL：03-5312-7009　E-mail：info@assign-navi.com

JRシステム リモートバックアップサービス

BCP（事業継続計画）を強力にサポート。
大切なデータを安全・安心のデータセンターでお守りします。

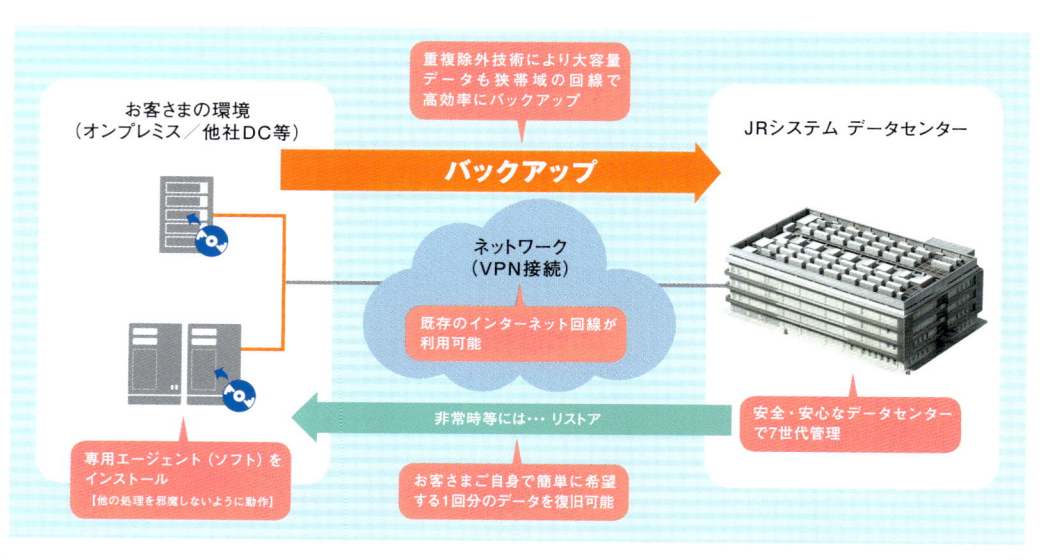

■ 安全・安心のデータセンターへリモートバックアップ
お客様の重要なデータをネットワーク経由のリモートバックアップで、安全・安心なJRシステムデータセンターがお預かりします。

■ 迅速な利用開始と柔軟な拡張性
インターネット回線さえあればすぐに利用することができます。VPN接続のため、情報漏えいの心配はありません。また運用開始後のデータの増加にも柔軟に対応致します。

■ 毎日フルバックアップ
狭帯域の回線でも高効率にフルバックアップを行います。一週間分のデータをお預かりしますので、万一の災害・データ消去等が発生しても確実に回復できます。

■ 運用コストの大幅な削減
お客様側で専任の運用担当者を育成する必要がありません。すべての運用作業はJRシステムが行います。

いつ、どのような場合でも事業を止めないために、JRシステムがお客様の事業継続計画を強力にサポート致します。

セールスポイント
■ 首都圏直下型地震、南海トラフ巨大地震等が発生した場合でも、影響が少なく災害に強いといわれている『北関東』に立地する最新鋭のデータセンターでデータをお預かり致しますので、お客様の重要なデータを確実に守ります。
■ 狭帯域の回線でも効率的にバックアップを行いますので、大容量データにも対応致します。

メリット
■ これまで敷居の高かったリモートバックアップを手軽に安心してご利用いただけます。
■ 遠隔地へのリモートバックアップを行うことで、データ喪失リスクを大幅に削減致します。
■ バックアップ元のデータ容量に対する月額課金制のため、低コストでご利用いただけます。

お奨めしたいユーザー
■ 重要なデータのバックアップをしていないお客様。
■ バックアップデータを遠隔地に保管していないお客様。
■ バックアップの運用コストを削減したいお客様。
これらのお客様にお奨めいたします。リモートバックアップによりデータを確実に守るだけでなく、運用の手間を大幅に削減致します。

Company Profile

JRシステム 鉄道情報システム株式会社

全国の「JRみどりの窓口」でおなじみの座席予約・販売システム。JRシステムは、稼働率99.999％を誇る日本最大規模のオンライン・リアルタイム・システムの運営で培ってきたノウハウを活用し、ミッションクリティカルな品質基準に応える「安全」「安心」のデータセンターサービスを展開しています。

所在地：〒151-0053　東京都渋谷区代々木2-2-6
TEL：03-6672-3638　FAX：03-6694-4022
http://www.jrs.co.jp/
製品に関する問合せ先（お見積りなど）
担当部署：第二営業企画部　営業開発課
担当者：データセンター担当
TEL：03-6672-3638　E-mail：dc-info@jrs.co.jp

Thin Office VDI ～仮想デスクトップクラウド～

ワークスタイルを変える
デスクトップ イノベーション！！ *Thin Office*

Thin Office VDIは・・・ワークスタイル変革を実現
大画面ゼロクライアント、スマートフォン、タブレットなどさまざまなデバイスで利用できます。これによりBCP対策はもちろん、モバイルや在宅勤務など、社員のワークスタイル変革を実現致します。

Thin Office VDIは・・・セキュリティ強化を実現
モニタや入力装置以外をデータセンタに集約するため、手元のパソコンに情報が残らず高いセキュリティ性を確保できます。また、社内・社外を問わずフリーアドレスで常に同じデスクトップ環境を利用できます。

Thin Office VDIは・・・デスクトップ環境の一元管理を実現
デスクトップ環境を仮想化し、サーバ上で一元管理します。セキュリティパッチや業務アプリケーションをスピーディに適用できるだけでなく、個別のパソコンキッティングも不要になります。

次世代のエンドユーザーコンピューティング環境を本気で考え、我々が導き出した答えは「デスクトップの仮想化」。お客様はデスクトップは「購入」せずに「利用」するホスティングサービス『Thin Office VDI』で手軽に素早く仮想デスクトップ環境を使いはじめることができます。また「Thin Office VDI」はお客様のさまざまな課題を解決致します。

モバイルワーカーの業務効率向上、セキュリティの向上、BCP（事業継続計画）への活用、パソコン管理の負担軽減などユーザーの利便性を向上させつつセキュリティと運用管理を一元化することで、次世代のエンドユーザーコンピューティング環境を中心としたシンプルで働きやすく、生産性の高いワークスタイルを実現することが可能となります。

セールスポイント
クオリカは自社のオフィス移転に際し全社員の環境を仮想デスクトップ（Thin Office VDI）に移行し、オフィスデザインまで含めた次世代のオフィスを構築。ワークスタイル変革を検討されているお客様向けの見学ツアーも実施しています。また、この取組みが企業情報化協会（IT協会）より"ITを活用した経営革新"において優れた成果として認められ、第30回IT賞を受賞致しました。

クラウドのメリット
Thin Office VDIの3つのメリット
①設備購入不要
複雑で大規模な設備を購入せず、僅かな初期投資と月額料金のみでご利用いただけます。
②選べるリソースや運用メニュー
ご要件にあわせて運用や仮想デスクトップのスペックを変更できます。エンドユーザーの満足度と管理者の運用負荷軽減に貢献致します。
③構築・運用ノウハウ
長年の構築／運用実績から得た様々な実践的ノウハウで、各種ご提案を致します。

お奨めしたいユーザー
(例1) 小売業⇒店頭で利用する端末やバックエンドの業務システム端末まで、全国店舗の端末を仮想デスクトップ化にすることで、データのセキュリティ向上とパソコンの運用負荷軽減に貢献致します。
(例2) 教育機関⇒一般生徒向けのパソコンを仮想デスクトップ化することで、万が一の紛失などによる個人情報漏えいを防止します。
(例3) 製造業⇒営業マンやサービスマンがモバイル端末で仮想デスクトップを利用することで、業務効率の向上とBCP対策に役立てることができます。

■ Company Profile
1982年コマツの全額出資による情報システム会社として創業し、現在はITホールディングスグループの一員として、製造業および流通サービス業（飲食業・小売業）様向けにクラウドサービス、業務用システム開発、パッケージソフト開発、システム運用、情報端末製造・販売等の幅広い事業を展開しています。

クオリカ株式会社
本社所在地：〒160-0023 東京都新宿区西新宿8-17-1
　　　　　　住友不動産新宿グランドタワー 23F
TEL：03-5937-0700（代表）　FAX：03-5937-0800
http://www.qualica.co.jp
製品に関する問合せ先（お見積りなど）
担当部署：クラウドサービスセンター
TEL：0285-28-8311

QUALICA | Go Beyond

Flat-Phone

クラウド型IPビジネスフォンサービス

世界標準の高性能IP-PBX 3CXをベースにした
クラウド型IPビジネスフォンサービス。

簡単導入設定：オペレーションセンターで一括設定代行。クラウド基盤を利用することで、最小限のコストで導入。保守や設定はオペレーションセンターで一括して行うため、専門知識は一切必要なく導入できます。

オールインワン：ビジネスフォンCTI・通話録音・IVRのパッケージ化。通話録音機能、IVR、コールセンターシステム機能など、高機能なビジネスフォン機能をパッケージ化し、必要な機能を必要なときに提供致します。

Android・iPhone・スマホ内線化・ソフトフォン対応：IP電話機はもちろん、AndroidやiPhone対応のスマホ内線化やモバイル、PCソフトフォンにも対応、新しいビジネスフォンの使い方を提案します。

世界標準の高性能IP-PBXである3CX Phone Systemを国内ホスティングで低価格にて提供。Android、iPhone、スマホ内線化、IP電話機などの最新ビジネスフォン機能を提供。
通話録音、IVR、Salesforce連携、ACDなどのコールセンターに必要なCTI・CRM機能も低価格で提供。
ボイスメール、チャット、プレゼンス表示機能などのユニファイド・コミュニケーション機能も標準で提供。
導入はオペレーションセンターで一括して行うため、専門知識や工事の手配などは一切不要で簡単に短期間で導入できます。

インターネット回線があれば国内だけでなく、海外からでも無制限に事務所の電話として利用可能。24時間サポート体制をとっており、トラブルを素早く解決し、重要な電話インフラを止めることなく安心してご利用いただけます。

セールスポイント
Android、iPhoneのスマホ内線化に対応しており、従来型の固定電話とスマホとの連携が可能になり、ビジネスフォンがより便利に。また、SalesforceやOutlook、GoogleコンタクトなどのCTI・CRMとの連携や通話録音やIVR機能などのコールセンターシステム機能を利用でき、短期間に小規模のコールセンターを容易に構築できます。

メリット
クラウドで提供するため、工事や配線などの導入時の初期費用を大幅ダウン。移動やレイアウト変更などのコストを大幅に抑えることができます。また、インターネット環境があれば、在宅ワークや新規開設や移転も手間なく行うことができ、海外からでも利用ができるため、会社経営にも寄与することができます。

お奨めしたいユーザー
コールセンター事業者、在宅ワークを検討している企業、海外展開を検討・展開している企業、飲食店や小型店舗などの店舗運営している企業、固定電話の廃止を検討している企業、スマホの業務利用を検討している企業、事務所移転やサテライトオフィスを検討している企業。

Company Profile

クラウド技術を利用した、IPビジネスフォン、コールセンターシステム、SIPシステム、テレビ会議システムを開発・提供。価値あるコミュニケーションシステムをお客様目線で提供し、お客様と共に発展していきます。

FlatAPI 合同会社

本社所在地：〒132-0035　東京都江戸川区平井7-1-32-103
TEL：0120-987-660
http://www.cloudipphone.biz/
製品に関する問合せ先（お見積りなど）
担当部署：クラウド型IPビジネスフォンサービス事業
担当者：杉山
TEL：0120-987-660　E-mail：flat-phone@flatapi.com

アールソーシング

実績から選べば、開発の負担が軽くなる。
IT企業の実績リユース市場『アールソーシング』

アプリやシステムの開発に、負担がかかり過ぎではありませんか？
既にある実績をリユースして、新たな案件を受けていきましょう！

① 企画・要件定義が、楽に！
モデルケースで潜在ニーズが顕在化。企画を事例から選んで立てられます。

類似の事例を選べば、要望をまとめる手間が大幅削減！

② 設計・仕様策定が、楽に！
ゼロから『フルオーダー』⇒前と同じ進め方と仕組みを使って『セミオーダー』。

過去に開発経験があり、業務を理解しているベンダーに頼めば、安心・確実！

③ 実装・運用段階が、楽に！
ベンダーの持っている技術を活かして、既にある仕組みをカスタマイズ。

完成形を共有して認識ズレを少なく。既存のものをベースにして、迅速・高品質！

発注側のニーズ、または受注側の実績を、すぐに掲載できます。『アールソーシング』とWebで検索してください。

掲載は無料！
業務が完了した報酬確定時に、受注側にシステム利用手数料（依頼金額の5％〜20％）を、発注側から受け取った仮払いから引く形でお支払いいただきます。

要件まとめ	実績から選べる
開発・制作	アールソーシング ・高品質 ・早くて確実 ・営業コスト減
修正・改善	

アールソーシングは、reuse（再使用）とsourcing（委託）を組み合わせた造語で、受注側がオンラインで過去の業務実績を掲載することで、発注側が似た依頼をすぐに頼めるようになる仕組みです。

お奨めしたいユーザー

開発・制作が得意な、20名以下のIT会社同士の受発注に。
▼発注側（クライアント）は、①提案型案件、②短納期案件、③専門特化型案件、といったニーズをご掲載ください。
▼受注側（ベンダー）は、①同様の依頼に活用できそうな過去の開発事例、②自社で持っているシステムやアプリ、③マイナーな業種や技術、といった実績をご掲載ください。

主な3つの機能

実績リユースのための、3大機能
① 「実績掲載」機能
・実績のメタ情報を引き出す入力画面
・「開示申請」で公開先を限定できる
② 「実績検索」機能
・ジャンル・業種・技術で検索される
・ニーズに合う実績をエントリーできる
③ 「案件管理」機能
・ニーズや実績ごとに案件管理
・オンラインで契約や支払も一元管理

メリット

アールソーシングによりベンダーの実績から「資産」「経験」「技術」が抽出でき、新たな業務の工数を削減します。
▼発注側（クライアント）は、企画段階から実績ある会社に相談でき、早く調達できるようになります。
▼受注側（ベンダー）は、自社で持っている資産を有効活用して、提案型の開発を効率的にできます。

■ Company Profile

代表の川合は、大手ベンダーや小規模IT会社、そして独立して10年以上の開発経験で「IT化が人に負担をかけすぎている」と課題を感じてきました。合同会社ドリームオンは「人への負担を軽減する仕組み」を提供致します。

合同会社ドリームオン

本社所在地：〒231-0015　神奈川県横浜市中区尾上町5-80　4F
TEL：050-3592-4649　FAX：03-4520-9236
http://dreamons.jp
製品に関する問合せ先（お見積りなど）
担当部署：アールソーシング事業部
担当者：川合 淳一
TEL：050-3592-4649　E-mail：info@rsourcing.com

ワークシフト (Workshift)

日本から海外へ、海外から日本へ、世界と繋がるクラウドソーシングを提供します

① 依頼を掲載　掲載無料・入力3分
② 提案・応募を確認　世界中から申し込み！
③ 納品・検収・支払　ネットで簡単完結

インターネットで簡単依頼、依頼された仕事は世界45カ国以上の専門スキルを持った登録者が閲覧。

登録者（フリーランス）からの提案・応募を確認、提案者の過去評価や経歴、作品集を参照し、適任者を探訪。

交渉やメッセージ送信も可能。支払いは、最終の納品に満足してから、全てインターネット上で完結。

日本語で海外に仕事が出せる！
日本のクラウドソーシング
登録・見積もり無料
世界のプロフェッショナルに1分で仕事依頼
workshift

インターネット上で世界68カ国の人材に安く、早く仕事を依頼できるサービスです。
信頼・実績：総務省HPにて国内の主要クラウドソーシング事業者として紹介。中小機構創業助成金対象事業。

仕事の依頼は簡単3ステップ
1. クライアントは依頼を掲載。（登録無料・掲載無料）
2. フリーランスからの提案・応募を確認。
3. 納品・検収・支払いまで全てネットで簡単完結。

海外との取引で起こる問題（言語や送金）を解決
1. サイトの多言語化（日英仏）と翻訳ツール搭載
2. 海外送金業務の代行
3. 支払いや、クオリティーを補完するための契約金仮預かりシステム（エスクロー決済）の導入

企業がインターネットを通じ世界、特にアジアの若者の力を積極的に活用できるプラットフォーム（クラウドソーシング）です。クラウドソーシングとは、必要な時に、必要なスキルを持った人に1契約からでも仕事を依頼できる新しいアウトソーシングの業態です。委託できる仕事は海外現地調査・翻訳・デザイン・Web開発・ライター・ITプログラマー・業務アシスタントなど多岐に亘ります。

海外のクラウドソーシング業界では、自国の仕事の多くを外国人が請け負っています。ところが国内競合他社においては、国内⇔国内の業務がほとんどとなっており、日本と海外を繋ぐ総合型クラウドソーシング・サービスを提供しているのは唯一弊社だけと言っても過言でありません。

そのような背景の中、仕事を依頼したいクライアントとスキルを持ったフリーランサーが繋がる場を提供することで、以下の3つを解決していきます。
1. 日本企業が海外展開する際の費用を大幅に削減します
2. 日本における人手不足やスキル不足を解消します
3. 日本人・日本企業が海外で活躍できる機会を増やします

セールスポイント
今までになかったクラウドソーシング・サービスを提供します。他社と違うのは世界中に個人のプロフェッショナルがいて、海外進出したい中小企業のお役に立つような海外市場調査などの支援ができます。日本語で仕事依頼ができる、そして円決済で処理が行うのが大きな特徴です。

メリット
直接現地にいる人材へ仕事を依頼することで、費用と時間を大幅に削減することが可能です。日本語でも外国に仕事を依頼する事が出来るので、気軽に海外へ仕事を依頼できます。また「登録無料、仕事掲載無料、検索無料、メッセージ無料、キャンセル無料」なので始めるに当たってリスクはありません。

お奨めしたいユーザー
1. 日本国内で不足しているスキルや人材を海外に求める日本企業
2. 海外の情報や状況をより早く、より安く手に入れたい日本企業
3. Cool Japanを活用したい外国企業、若しくは日本への進出を検討している外国企業
4. 自分のスキルを使って世界で活躍したいフリーランサー

Company Profile

企業がインターネットを通じて世界68カ国、特にアジアの若者の力を積極的に活用できるプラットフォーム（クラウドソーシング）を運営しています。そのために、サイトの多言語化・海外送金代行など企業が海外と取引をし易くなる工夫を数多く提供しています。

ワークシフト・ソリューションズ株式会社

本社所在地：〒107-0062　東京都港区南青山2-22-14　フォンテ青山5F
TEL：03-6804-5020　　FAX：03-6804-5021
https://workshift-sol.com/
製品に関する問合せ先（お見積りなど）
担当者：長岡
TEL：03-6804-5020
E-mail：info@workshift-sol.com

Conyac

世界中のバイリンガルに仕事を頼める バイリンガルクラウドプラットフォームConyac

セールスポイント
世界最安級で早ければ最短5分で結果を受け取ることができます。

メリット
対応言語数70カ国語以上！高品質な翻訳を低価格でご提供します。

お奨めしたいユーザー
世界展開を行いたい企業やインバウンド向けの施策を打ちたい企業にお奨めします。

バイリンガルに対して、リサーチや翻訳記事作成などが気軽に頼めます。
https://conyac.cc/ja

翻訳は1文字1円からWeb上から簡単にご依頼いただけます。

世界中から4万人以上の翻訳者が登録しています。

Company Profile

2009年よりクラウドソーシングを活用した翻訳サービス「Conyac」を運営しています。世界中のバイリンガルに言語に関連のある業務をアウトソーシングし、海外進出の際に必要となる業務を全般的に依頼することが可能なサービスとなっております。2009年5月にサービスを開始して以来、順調にユーザー数を伸ばしており、現時点のバイリンガルユーザー登録数は、45,000人、利用企業数は1,000社、総依頼数は132,000回にのぼります。

株式会社エニドア
本社所在地：〒101-0046 東京都千代田区神田多町2-8-10
　　　　　　神田グレースビル5F
TEL：03-6206-8084
http://any-door.com
サービスに関する問合わせ先（お見積りなど）
担当部署：営業　担当者：梅原・福村
E-mail：sales@any-door.com

ツクリンク

協力業者がすぐに見つかる！建設業界に特化したクラウドソーシングで人手不足解消！

人手不足が深刻な問題となっている建設業界に特化し、全国の建設業者をネットワークすることで、外注先を探す発注者と取引先開拓を目指す受注者のマッチングを実現します。

PCだけでなくスマートフォンにも最適化されており、外出先などどこからでも簡単操作で協力業者や発注情報を探せるので、緊急で応援が必要なときや、突然スケジュールが空いたときでも心配いりません。

県外の現場にネットワークがない人が多いため、遠方でも自ら施工することがあります。そんな時に現場付近の業者が簡単に見つかれば、自らは近場の案件に専念でき、効率よく売上を立てることができます。

建設に関連する業務の外注先を探す発注者と取引先開拓を目指す受注者をつなぐ、建設業界に特化したクラウドソーシングサービスです。
建設系案件の発注先及び受注先の募集をサイト上に登録することで、業者間のマッチングを実現。業者ネットワークの拡大や、営業の効率化及びコストの削減を促進するとともに、案件とリソースの不均衡是正を通じて過度な長期労働や長時間移動を削減し、労働環境を改善することを目的としています。
建設業界では、震災による復興需要や景気改善に伴う民間企業による設備投資の増加、建設業従事者の減少等によって人材不足が生じており、クラウドソーシングの利用企業は今後も増大していくことが予測されます。国内48万社以上の建設関連業者へ向けたサービスの利便性向上を通じて、事業者の円滑な営業活動の支援に取り組んでいます。

セールスポイント
登録・利用料が無料となっております。建設業に特化しているため、案件情報の掲載には現場写真や図面を添付できるなど、建設業者にとって使いやすいサービスとなっています。また、スマートフォンにも最適化されており、簡単に操作することができますので、PCが苦手な方でも気軽にご利用いただけます。

メリット
協力業者や新規取引先を探す為の営業活動の効率化を図ることで、施工に集中することができるようになります。また、建設業界では都内の企業が、都外の案件に対応するため、片道数時間に上る長時間移動を行うことは珍しくありません。このような案件でも、地場に強い企業と繋がることで、その企業に案件を発注し、自らは浮いた時間やコストを使い、別の案件を施工することができるようになるため、売上向上に繋がります。

お奨めしたいユーザー
人手が足らずに協力業者を探している方、新規取引先を探している方、営業が苦手だったり、時間のない方のお役に立てるサービスを目指しています。
建設業者にとって使いやすいように改善を行いつつ、他社とも連携し、機能とサービスの拡充を行っていきます。建設業の方が何か困ったときでも、とりあえずツクリンクにアクセスすればなんとかなる、そんな存在となれるよう邁進します。

■ Company Profile

「世の中のあらゆるハードルを下げるサービスを創る」ことを目指し、10年以上建設業に従事したメンバーや、ITに特化したメンバーによって設立しました。2013年に約1,000万円、2014年に約5,000万円を調達し、さらなる事業拡大を目指しています。

株式会社ハンズシェア

本社所在地：〒151-0053 東京都渋谷区代々木2-16-17
　　　　　　代々木フラット303
TEL：03-6276-8537　FAX：03-6276-8188
https://tsukulink.net/
製品に関する問合せ先（お見積りなど）
担当者：斎藤 実
TEL：090-4003-6586　E-mail：info@handsshare.com

映像制作支援サービス izmaker（イーズメーカー）

日本初の動画素材専門のユーザー参加型ストックサービス！
欲しい商品がない場合はリクエストで解決！

全ての商品が商用利用可能で、webサイト、動画広告、TVCM、映画など場所を選ばずにご利用いただけます。また、ロイヤリティーフリーなので、一度購入すれば何度でもご利用いただけます。

気に入った動画素材がなければ、リクエストする事で優秀なクリエイターから多くの提案を受け取る事ができ、しかも提案の中から気に入った作品を好きなだけ購入する事ができます。

販売されている商品の中でオプションが設定されていれば、クリエイターと直接やり取りをしてオリジナルの動画素材を手に入れることも可能です。

近年、インターネット動画広告やデジタルサイネージなどで扱う動画の需要が増加しています。更に、スマートフォンの普及や機材の低価格化、性能の向上もあり、個人でも手軽に動画制作を楽しむことができる時代になりました。個人で手軽にクオリティの高い動画を作れる「動画時代」の幕が徐々に開けてきています。

この「動画時代」を見据えて 映像制作支援サービスizmaker（イーズメーカー）は誕生しました。
映像制作支援サービスizmaker（イーズメーカー）は、動画素材をバイヤーとクリエイターが直接取引することができる日本初のサービスです。
例えば、東京で沖縄の「ヤンバルクイナ」の動画を使用したい場合、現地で撮影するには人件費、交通費などの費用がかかります。更に機材運搬や日程、天候の問題を調整しなくてはなりません。しかし、izmaker（イーズメーカー）を利用すれば、現地へ長時間かけて移動する事無く、欲しい素材をすぐに手に入れる事ができます。

セールスポイント
高クオリティな動画素材を手軽に購入できます。動画だけでなくCGやプロジェクトファイル、サウンドなどの映像制作に欠かせないアイテムが充実しています。更に、思い通りの動画素材をリクエストする事が可能です。

メリット
クリエイターは商品が売れると、商品金額の65～70％を報酬として受け取る事ができます。報酬のレートとしては業界高水準のレートを維持し販売者のクリエイター活動を支援することで、高品質の素材が常に提供できる仕組みとなっています。

お奨めしたいユーザー
映像制作会社やTV番組制作会社、WEB制作会社などの法人、動画を取り入れたい、動画素材を使ってみたい、など映像制作に興味をお持ちの個人の方も、プロ・アマ問わずご利用いただけます。

■ Company Profile

株式会社ビデオソニックは、新しい価値を皆様に提供すべく映像制作だけでなく、ウェブサービスなど様々な事にチャレンジする映像制作会社です。個々の情熱から生み出される独創的な技術が、笑顔あふれる新しい価値を創造しています。

株式会社ビデオソニック

本社所在地：〒337-0053　埼玉県さいたま市見沼区大和田町2-1260
TEL：048-688-2424（代表）　FAX：048-688-2324
http://www.videosonic.co.jp/
製品に関する問合せ先（お見積りなど）
担当部署：webソリューション課
担当者：土井 一樹
TEL：048-688-2424（代表）　E-mail：info@izmotion.co.jp

自社アフィリエイトシステム「アフィリコード」

サイト集客に抜群の効果を発揮するオールインワンの自社アフィリエイトシステム

アフィリコード
AFFILI-CODE

【製品価格】
ダウンロード版：98,000円
ASP版：98,000円／月額
【製品サイト】
http://www.affilicode.net/

そもそも、アフィリエイトとはなんでしょうか？
アフィリエイトとは、商品が売れた際にお客さんを紹介してくれた人に売上げの一部を還元する仕組みです。お客さんを紹介する人をアフィリエイターといい、ネット上の営業マンのような存在です。
このアフィリエイターを管理し広告を配信するシステムがアフィリエイトシステムです。

アフィリエイトシステムの流れ

アフィリエイトシステムを導入すると、アフィリエイターが自身のサイトやブログなどで貴社の商品を紹介します。そうすることで、そのサイトの訪問者が貴社のショッピングサイトへ流れていきます。
訪れた訪問者が商品を購入すると、アフィリエイターに報酬が発生します。

このようなアフィリエイターを多数集めることで貴社のショッピングサイトのアクセスが増え、売上げの向上に繋がります。
こちらの仕組みはショッピングサイトだけでなく、コンテンツ販売やメルマガ、会員登録やサービスの申し込み系のサイトにもご活用頂けます。

アフィリコードは、自社で独自アフィリエイトサービスを提供する為に必要な機能を全て網羅した多機能なアフィリエイトシステムです。
クリック保証広告、成果報酬広告の標準的な機能の他に2ティアやバナー管理、承認広告、限定広告、個別単価設定など細かな設定が可能。

物販やデジタルコンテンツの販売をされている方だけでなく、メディアレップや広告代理店にもご利用頂けるシステムとなっております。

パソコン（PC）、モバイル（DoCoMo, au, SoftBank）、スマートフォン（iPhone, Android）に完全対応。

セールスポイント

「なかなか商品が売れない」「アクセスが少ない」等でお悩みではありませんか？
自社アフィリエイトシステムを導入することでお悩みが解決するかもしれません。

メリット

自社メディアの広告をアフィリエイトシステムを通じて展開することでアフィリエイターとの直接取引が可能となります。
自社運営はASPを利用する際に発生する仲介マージンなど余計な費用が発生しませんので低コストで高還元での広告展開が可能となります。

お奨めしたいユーザー

ECサイトを運営されている方はもちろん、自社メディアやサービスを展開されている企業様にオススメの製品です。

■ **Company Profile**

様々なビジネスシーンに必要なWEBシステムを高品質なWEBパッケージ製品として低価格で提供しております。WEBデザインやカスタマイズも承っておりますので、お気軽にお問い合わせください。

株式会社リーフワークス

本社所在地：〒520-1102　滋賀県高島市野田310-7
TEL：077-535-9027　　FAX：077-535-9029
http://www.leafworks.jp/
製品に関する問合せ先（お見積りなど）
担当部署：営業本部
担当者：澤
TEL：077-535-9027　　E-mail：support@leafworks.jp

leaf works

無線LAN 定期セキュリティ診断サービス

企業を対象として、定期的に無線LAN(WiFi)の不正アクセスについてセキュリティ診断を行います。

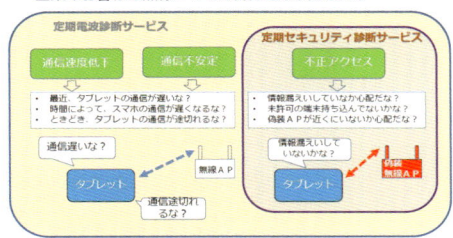

本サービスは、企業において導入が進んでおりますタブレット、スマートホンの通信手段である無線LAN(WiFi)を快適に使用して頂くためのものです。

無線LAN(WiFi)は、家庭、企業、通信会社などで設置されており、年々増加しております。一方、無線LANが使用する2.4GHzは、電波干渉、不正アクセスなどさまざまな課題が発生しております。東京地区の脆弱性調査の結果、約2割は、脆弱なセキュリティ方式になっております。その無線LANのセキュリティを定期的に診断し、快適で、不正のない電波環境を提供致します。

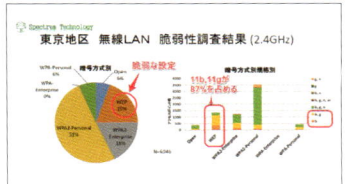

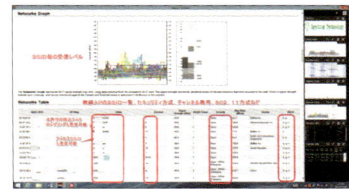

提供料金は、1000㎡当たり10万円

・現状調査には、Chanalyzer(Metageek社)を使用し、無線アクセスポイント(AP)のSSID(Service Set ID), MACアドレス、暗号化方式、通信速度、使用チャンネル、使用規格を報告致します。どのベンダーの無線アクセスポイントにも対応致します。

・お客様が管理しておられる無線APのリストと突合し、不正APの有無を報告致します。特に未許可の持込スマホによるテザリングの発見、ステルスSSIDの不正AP発見(偽装AP)に有効です。

・調査結果に基づき、無線APのセキュリティ方式の変更提案(WEP方式からWPA2方式へ)と不正APの除去提案を行います(探索には別途調査と追加費用がかかります)。

セールスポイント

無線LANのセキュリティ診断サービスは、不正アクセスによる情報漏えいを未然に防止するのに有効な手段となります。無線APのベンダーに依存せず、どのベンダーにも対応可能です。セキュリティ監査の点でも第三者が実施することは非常に有効です。

メリット

企業における、内部・外部からの不正アクセスによる個人情報・機密情報の漏えいの早期発見・対処ができます。情報漏えいは、企業が存続できるかどうかの生命線となります。無線APのベンダーに依存しないので、マルチベンダーで構築しているお客様には特にお奨め致します。

お奨めしたいユーザー

複数の無線APやマルチベンダーの無線APをお持ちのお客様、特にオフィス、病院、学校、ホテルなど大量に個人情報を扱っている業種にお奨め致します。東京地区の脆弱性調査の結果、2割は脆弱な設定になっております。

Company Profile

スペクトラム・テクノロジー株式会社は、無線の可視化により、快適な無線LAN(WiFi)、M2M環境を提供致します。特に2.4GHz帯は、輻輳により年々通信効率が低下しております。定期的な電波診断とセキュリティ診断を行い、状況と対策を提供します。

スペクトラム・テクノロジー株式会社

本社所在地：〒359-1115 埼玉県所沢市御幸町1番16-1308号
　　　　　　所沢スカイライズタワー
TEL：04-2990-8881
http://spectrum-tech.co.jp/
製品に関する問合せ先（お見積りなど）
担当者：村上 正彦
TEL：04-2990-8881　E-mail：m.murakami@spectrum-tech.co.jp

ODM & VPSL

◆ODM=遠隔地DC瞬時切換
◆VPSL=「43億分の一」を許可、高セキュア

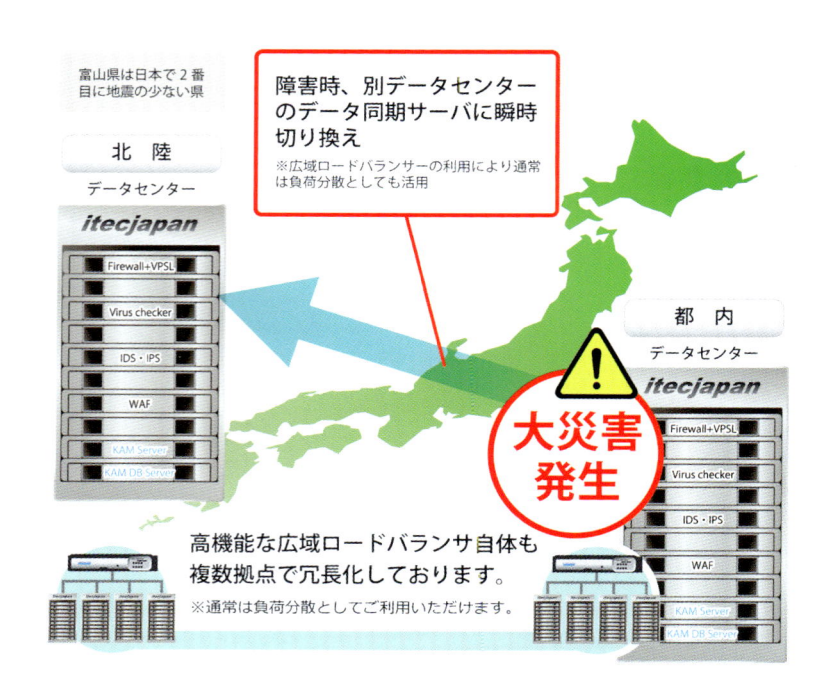

富山県は日本で2番目に地震の少ない県

北陸データセンター

障害時、別データセンターのデータ同期サーバに瞬時切り換え
※広域ロードバランサーの利用により通常は負荷分散としても活用

都内データセンター

大災害発生

高機能な広域ロードバランサ自体も複数拠点で冗長化しております。
※通常は負荷分散としてご利用いただけます。

【ODM】は、災害時、自動的に災害の影響が少ない予備データセンター内の同期されたサーバへ、「広域ロードバランサー」を利用し瞬時に切り替わるシステムです。通常は両サーバを負荷分散としてご利用いただけます。

「BCP対応」「セキュリティの多層防御」「詳細な管理」により、有名企業様からのご指名が大変多い企業専用サービスです！！

【ODM】災害時、別データセンター内の同期サーバに自動瞬時に切替わり、通常は負荷分散で活用。
【VPSL】「43億分の一」の作業用許可設定が可能なため、どこからでもセキュアにアクセス、弊社独自の認証システム。

◆【ODM】通常システムの冗長化は同一データセンター内で行われますが、大災害が発生し、データセンター自体が被災してしまっては意味がありません。
万が一の大災害が東京都内で起こった場合でも、自動的に災害の影響が少ない、北陸の予備データセンター内の同期されたサーバへ瞬時に切り替わるシステムです。

DNSによる切り替えでは浸透に時間がかかり、DNS自体の被害も想定されるため、広域ロードバランサーを利用し、瞬時の切り替えを可能にしております。通常は両サーバを負荷分散としてご利用いただけます。

◆【VPSL】IDとPWだけでどこからでもアクセスができる事は便利なようですが大変危険です。IDとPWが漏れると誰でもアクセス出来てしまうからです。また、IPの制限をしてしまうと、そのIP以外から使えず不便です。しかし、VPSLを使うと、どこからでも大変セキュアにアクセスが出来、安心で便利です。

ODM

万が一、大災害が起こった場合の対策はどのようにされておられますでしょうか。【ODM】は、仮に大災害が起こっても、影響の少ない別地区に設立されたデータセンター内の、同期されたサーバに自動で瞬時に切り替わるシステムです。
切り替えには広域ロードバランサーを使用しておりますので、瞬時の切り替えが可能です。通常は負荷分散としてもご利用いただけます。

VPSL

御社のWebサーバの更新や、システムの修正のためには、サーバにログインする必要がありますが、通常はセキュリティ確保のために、IP等によりアクセス制限がかけられています。それでは、出先や自宅などから急な更新・修正作業が発生した場合には対応できないことがあります。VPSLのサーバを使えば、どこからでも大変セキュアに（43億分の一の穴を自動で空けて、作業終了後閉じる）アクセス・操作が可能です。

お奨めしたいユーザー

【セキュリティ】【きめ細かな管理】【有名企業の長期利用実績】が重要とお考えの企業様へ、是非お奨めしたいシステムです。

「ITEC」とは「Internet Technology for Enterprise Clients」の略で「企業顧客のためのインターネットテクノロジー」という意味です。弊社は、クラウド、セキュリティ、ネットワーク管理を専門とする、企業専用の技術プロ集団です。

「ODM」は地震・災害大国の日本では不可欠の遠隔地DC（データセンター）瞬時切換システムです。災害で東京のDCが壊滅しても、東京から500km圏内では国内で最も地震が少ない富山県にある予備DC内の同期されたサーバーへ瞬時に切り替えるシステムです。ODMにより、BCP（事業継続計画）に真価を発揮します。

「VPSL」は世界でただ一人のユーザー（1/43億）を特定し成りすましをなくす弊社独自の認証システムです。通常クラウドを利用する際、IDとパスワードのみでアクセスしますが、これは1要素認証といわれるもので、IDとパスワードが外部に漏れた場合、大変危険です。「VPSL」は、本人なら独自の5要素認証方式を用い非常に簡単にアクセス出来ますが、他人はIDとパスワードを知っていてもアクセスができない仕組みです。「VPSL」を活用すれば、どこからでも極めて安全にアクセス・操作が可能になります。

まず【セキュリティ】そして【きめ細かな管理】【有名企業の長期利用実績】が重要とお考えの企業様へ。
OSMSは「多層防御」と「詳細な管理」により有名企業様からのご指名が大変多い企業専用サービスです！！

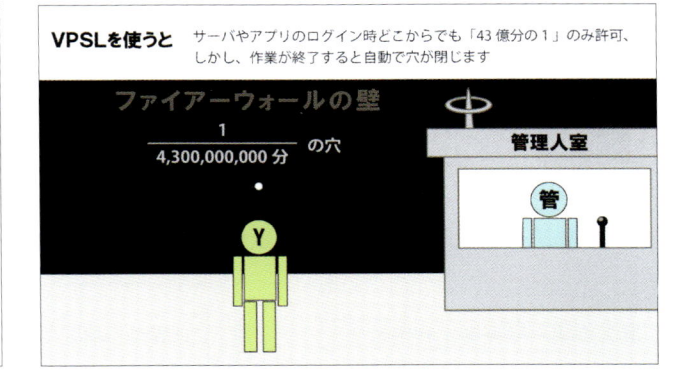

1	クリーンパイプアプライアンス【標準】
2	FireWall-1【標準】
3	多機能セキュリティアプライアンス（次世代FW）【標準】
4	QOS【標準】
5	FireWall-2【標準】
6	DNS対策【標準】
7	専用WAF【オプション】初年度月額2.2万円（税別）、翌年月額1.2万円（税別）
8	VPSL【オプション】初期のみ3万円
9	脆弱性検査（毎日4800項目）【標準】
10	毎日リアルタイムの改ざん検知【W以上に標準】
11	Webサーバ「発明2007272918号」の弊社セキュリティ関連特許申請技術により構築
12	ローカルDBサーバ【オプション】「発明2007272918号」の弊社セキュリティ関連特許申請技術により構築

VPSLを使うと サーバやアプリのログイン時どこからでも「43億分の1」のみ許可、しかし、作業が終了すると自動で穴が閉じます

ファイアーウォールの壁　$\frac{1}{4,300,000,000}$ の穴　管理人室

Case Examle

大手建設会社様の別データセンター同士の同期システム、国内全中学校とその先生方全員における教育関連のアンケート、テレビ局年末特番投票システム、モバイルキャリア様全国ショップを結ぶ管理システム、国立大学におけるワンソース・マルチデバイス（PC、モバイル、パッド、サイネージ）対応の情報システム、他にも多くの導入事例がございます。

各省庁様、国立大学様、教育委員会様、大手商社様、大手建設会社様、大手航空会社様、キーテレビ局様、私立大学様、専門学校様、大手アパレル企業様、大手Web制作会社様、大手システム企業様、大手ハウスメーカー様、大手トイレタリー企業様、大手化学薬品メーカー様、大手食品メーカー様、大手証券会社様、大手損保会社様、大手保険会社様、大手製紙メーカー様、大手機械メーカー様、大手医療機器メーカー様、大手電子メーカー様、大手食品メーカー様、大手菓子メーカー様、大手GS様、モバイルキャリア様、大手化粧品メーカー様、大手自動車販社様、大手広告代理店様、大手システム販社様、大手カメラメーカー様、政党様他多数の業界の専用システムとしてご利用いただいております。

Company Profile

itecjapanの「ITEC」はInternet Technology for Enterprise Clients（企業顧客のためのインターネットテクノロジー）の略です。企業専用サーバやセキュリティ管理、技術提供に特化したプロ集団として業務展開を続けております。

株式会社アイテックジャパン

本社所在地：〒105-0021 東京都港区東新橋1-10-1
　　　　　　東京ツインパークス　レフトウィング　7フロア
TEL：03-5537-5853　　FAX：03-5537-5893
https://itec.ad.jp/
製品に関する問合せ先（お見積りなど）
担当部署：カスタマーサポート部　担当者：須藤 和夫
TEL：03-5537-5853　　E-mail：itec@itecjapan.ne.jp

itecjapan

PATROL CLARICE Cloud
（パトロール クラリス クラウド）

WEBサイトの安全・安定運用に不可欠な性能監視やセキュリティ監視を簡単に実現！

WEBサイトの様々な異常を迅速に検知
- 遷移異常
- レスポンス低下
- 改ざん
- エラー 404 Not Found
- SSL期限切れ
- アタック兆候

異常をすばやくメールや電話で通知！
状況をブラウザで簡単に把握して調査！

ブラウザで簡単に状況把握・調査

レポートやグラフで異常傾向を事前に察知

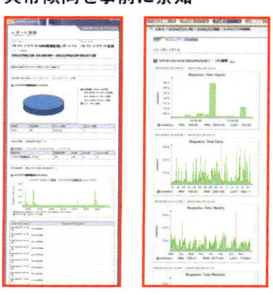

障害履歴を効果的に活用

PATROLCLARICE Cloud（パトロールクラリス クラウド）は、WEBシステムの安全で安定した運用のために不可欠な、利用者視点での性能監視やセキュリティ監視が簡単に実現できる監視サービスです。

【簡単なのに高機能！】
- クラウド型なので設備投資は不要。
- シンプルなGUIで誰でも簡単設定。
- WEBサイトの利用者視点からの遅延やエラー、遷移異常をいち早く検知。
- アタック兆候や改ざんも即座に検知。

国産エージェントレス監視 No.1！ 1000社を超える導入実績を誇る、サーバー・ネットワーク統合監視ソフトウェア「PATROLCLARICE（パトロールクラリス）」を手軽にご利用いただけるクラウド版です。

『異常の第一発見者は利用者？』
WEBシステムではサーバーが正常に稼働しているにも関わらず、アクセス集中などの要因でレスポンスが悪化してタイムアウトを引き起こしたり、ファイル更新ミスなどによりログインや検索が正常に動かなくなったりするケースがあります。このようなケースではサーバーを監視しているだけでは異常を検知できず、利用者からの報告で異常が発覚するという課題が多くあります。

『利用者より先に異常を検知！』
外部からインターネット経由で監視する事で、利用者に近い環境からレスポンスタイムの計測が可能となり、ログイン操作などを自動監視する事で、利用者より先に異常を検知する事ができます。

『サイバー攻撃も対岸の火事ではない』
海外からのアタックによりWEBサイトが落ちてしまうというケースも増えています。改ざんや不正なアタック兆候なども早期検知が可能となります。

セールスポイント
- 設備は不要、低価格で実現！監視に関する設備は一切不要。
  初期費用：50,000円～
  月額費用：11,000円～
  ※監視10設定分の最小プラン
- 簡単な設定ですぐ開始できます！お申し込みから最短翌営業日にはご利用できます。簡単設定でスピーディに監視をスタートできます。
- 高機能なのに簡単に運用可能！WEBサイトのシナリオ監視やセキュリティ監視などの高度な監視を驚くほど簡単に運用できます。

メリット
- WEBサイトの障害を利用者よりも先に検知する事で、障害により発生する機会損失などの損害を最小限に抑える事ができます。設定次第では障害検知後に自動復旧させる事も可能です。
- システム内部からだと監視できない、より利用者の環境に近い外部からのレスポンス監視や障害検知を実現できます。現在ご利用中の監視システムに本サービスをプラスする事で、より高度で安心な運用を実現致します。

お奨めしたいユーザー
- WEBメディアやECサイトなど、WEBサイトが事業収益として重要な役割となっている企業様。
- WEBサイトの安定稼働が企業・製品のブランディングに非常に重要な役割となっている企業様。官公庁・自治体等。
- 業務で使用しているWEBアプリケーションを止められない企業様。
- WEBサイトの運営や企画を代行しているIT企業様や広告代理店様。

PATROL CLARICE Cloud

【パトロールクラリス クラウド機能概要】

① 監視機能

・WEBサイトのレスポンス計測
レスポンス（応答速度）を計測し、遅延傾向を検知可能です。

・画面遷移の正常動作監視
ログインなど画面遷移のレスポンスタイムや遷移異常やエラーを検出可能です。

・改ざん、アタック兆候の検出
WEBサイトの改ざんや不正なアタックの兆候を検出可能です。

・SSL期限アラート
SSLサーバ証明書の期限を監視し、期限が切れる一定期間前に通知可能です。

・その他
各種ポート監視、メール送受信、DNS、FTP等の監視も可能です。

② 管理機能

・アラート通知・障害管理機能
管理コンソール上での障害通知・障害履歴管理に加え、メール・コマンドなどの多彩な通知が可能です。

・グラフ・レポート機能
レスポンスタイムグラフをはじめ、監視結果は全てレポートとして出力が可能。傾向把握や異常の予見に役立ちます。

③ オプション機能

・クラウド型自動電話通知サービス
『アラートコール』との連携で、重要な障害発生時に任意の電話番号へ通報をおこなう事ができます。

大量の障害通知メールで重要な障害通知が埋もれてしまったり、通知の見落としなどのリスクを最小限に抑える事が可能となります。

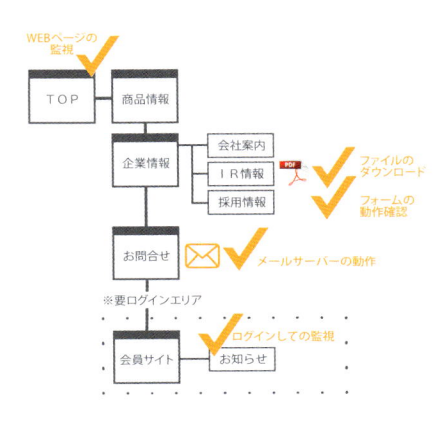

Case Example　実践的なWEBサイトの稼働監視を簡単に実現。

【株式会社ジェーシービー様】
各サイトの監視について、従来は他社監視製品をファイアウォール直下に配置のうえ実施しておりました。各サイトの稼働状況を一層正確に確認・分析するためには、ユーザー様が実際にサービスをご利用されるのと同様に、外部からインターネット経由のアクセスによる稼働監視を行うことが必要だと考えました。

現在、各サイトへのアクセスが想定時間内に実現できるかを監視しています。コストメリットに加え、諸々の監視登録や設定変更が簡易にできる等、想定通りの効果が得られました。また、1次切り分けに必要な時間差の解消と運用負荷の大幅な削減を実現致しました。

株式会社ジェーシービー様
リスクモンスター株式会社様
シュッピン株式会社様
その他、
WEBメディア運営企業様
ECサイト運営企業様
WEBサービス（ASP）運営企業様
大手旅行代理店様
大手製薬会社様
地方自治体
など

■ Company Profile

弊社はテレフォニー技術、インターネット技術の2分野で強みと特色を持ち、これに1989年の創業より蓄積してきたシステム運用ノウハウを加えた独自の視点で、製品・サービスを自ら創造する企業です。これらの製品・サービスをご活用いただく事で、お客様のビジネス価値の向上に貢献して参ります。

株式会社コムスクエア
ネットワークソリューション事業部

事業部所在地：〒104-0061 東京都中央区銀座1-3-1
http://comsq.com
製品に関する問合せ先（お見積りなど）
担当者：近藤
TEL：03-4455-1040（事業部直通）　E-mail：pc-sales@comsq.com

[クラウドサービス100選] クラウドセキュリティ　099

BIG-IP Access Policy Manager (BIG-IP APM)

SaaS利用時のアカウント管理、シングルサインオンで安全に使いやすく！

F5 SSOソリューション 導入のベネフィット

- ユーザの生産性を高めインフラのコストを削減
- 全てのWebアプリケーションへのシームレスなアクセスを提供し、ユーザエクスペリエンスを向上
- クラウドアプリケーションへの展開

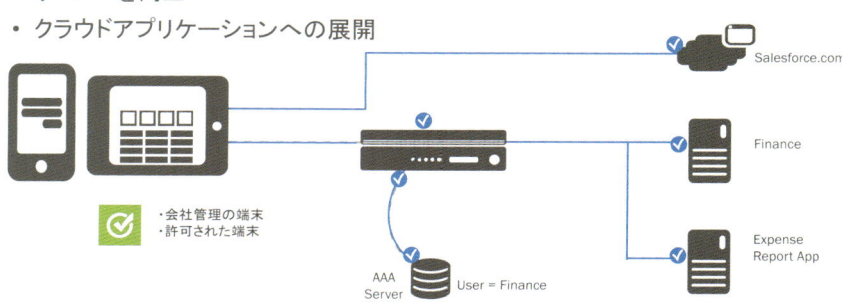

BIG-IP APMによるSaaS連携のアーキテクチャはユーザとシステム間の認証データと承認データのやり取りにXMLベースの公開標準データ形式である Security Assertion Markup Language（SAML）を使用しています。SAMLテクノロジでは、SaaSプロバイダ別に個々のユーザアカウントを管理する必要がありません。Webブラウザ上のシングルサインオン（SSO）が実現できます。

さらに、F5のソリューションでは、2要素認証、IPジオロケーションの実行とデバイスの検査など、より強力な認証ソリューションの導入が可能になります。
このソリューションにより、アプリケーション利用時の利便性と堅牢性の両方を高めることができます。

ますます利用が広がっているクラウド環境。BIG-IP APMの強力なシングルサイオン（SSO）機能により、プライベートはもちろん、パブリッククラウド上のリソースも含め、クラウド上にあるすべてのファイルへのアクセス権限を自在に設定できます。

■ シングルサインオン機能がSAMLもサポートし、豊富なユースケースに対応
ハイブリッドクラウド環境で複数のWebアプリケーションと業務アプリへのシームレスなアクセスなどを実現する、シングルサインオンはSAMLにも対応し、快適なビジネス環境を提供します。

■ 多彩な認証方式に対応
セキュリティをさらに強化するには、アクセスしてきたユーザが本人かどうかのチェックが不可欠です。BIG-IP APMでは、ワンタイムパスワードやSSLクライアント証明書を使って、ログオン時のユーザ認証を強化する各種認証ソリューションを多数ご用意しております。

セールスポイント

クラウドやSaaSのアプリケーションを利用する際の認証はどうしていますか？安全で使いやすいシングルサインオンがF5のBIG-IP Access Policy Manager（APM）を中心としたソリューションで実現できます。また、従業員の生産性向上のため、スマートフォンやタブレット端末を複数組み合わせて業務活用しているケースが今や一般的になりました。BIG-IP APMにより、管理者はマルチデバイスのセキュリティポリシーを集中管理することができデスクトップPCからタブレットまで使う人と、端末を紐づけたアクセスコントロールを御社の認証サーバと連携し実現できます。

メリット

■セキュリティ
- 企業はクラウド上に展開されるアプリケーションアクセスのためのユーザアカウント管理において、自社内認証ディレクトリを用いることができます。
- 認証ディレクトリを一元化できるためパスワードポリシーを手元でコントロールできます。

■柔軟性
- Google, Salesforce, Office365などパブリッククラウドサービスと認証連携ができます。

■利便性
- ユーザはクラウドを含む複数アプリケーションへのアクセス時、都度クレデンシャル入力を求められることなく使うことができます。

お奨めしたいユーザー

社内アプリケーションとSaaSアプリケーションの両方を業務利用されているお客様。またその両方のアプリケーションに自宅や出張先などの社外から安全にリモートアクセスして業務を効率化したいお客様に最適です。

急速な勢いで拡大・成長を続けるアプリケーション配信市場。弊社は、高度化・複雑化を極めるこの分野において、常に一歩前を見つめながら、お客様にとって価値ある製品と価値あるサービスをお届けします。BIG-IP Access Policy Manager（BIG-IP APM）は弊社が自信を持ってお奨めする商品です。BIG-IP Access Policy Manager（BIG-IP APM）には２つの大きな特徴がございます。

①シングルサインオン機能
Googleなどのパブリッククラウドサービスとも認証連携がとれており、社内外のアプリケーションを１回のログオンで使うことができ、仕事の効率が高まります。また、管理者にとっては、しっかりと従業員のアクセス管理をすることができ、セキュリティも高まります。

②優れたリモートアクセス・ソリューション
BIG-IP Access Policy Manager（BIG-IP APM）は、iPhone、iPad、Androidなど幅広いモバイル機器に対応したSSL VPN・ソリューションです。また、複数のドメイン等、さまざまな環境に対応しております。さらに、分析レポート機能もアクセス障害、ユーザ、アクセスされたリソース、グループ使用率、地理位置情報別などの詳細なセッションレポートを提供し、容易なアクセス管理を実現致します。さらに、長年リモートアクセス分野に取り組んできた中で培ったノウハウを活かし、高いセキュリティを実現しています。

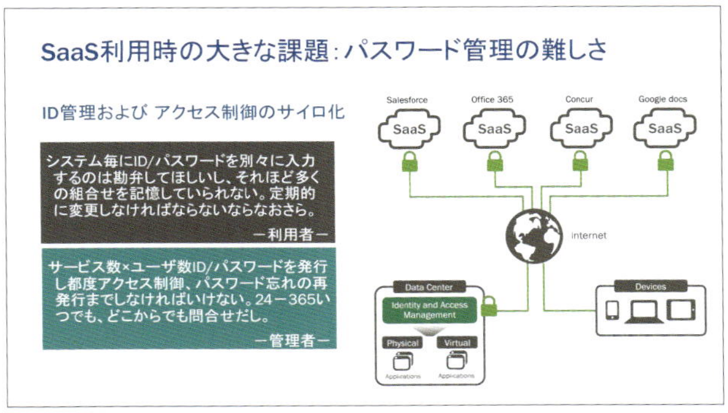

SaaS利用時の大きな課題：パスワード管理の難しさ

ID管理および アクセス制御のサイロ化

Case Example

大学向けサービスプロバイダ（Shibbolethリプレイス）

110以上、700組織以上の大学、研究機関にサービスを提供しているサービスプロバイダが、Shibbolethを利用してシングルサインオンサービス提供していましたが、セキュリティ上の課題やネットワークのセグメンテーションが実現不可能でした。
BIG-IPをSAML SPとして利用することで、SAMLのアサーションベースにネットワークアクセスの設定がコントロール可能となり、大学 Aには大学A用のネットワーク・セグメントにしかアクセスできない設定が可能となりセキュリティを強化できました。

■ Company Profile

インターネットを利用したビジネスでは、すべての情報伝達、コミュニケーションはアプリケーションに依存しています。F5のBIG-IPは、オフィス・外出先・自宅など、使用されるあらゆるロケーションにおいて「安全、高速、かつ安定して」アプリケーションを配信するソリューションです。

F5ネットワークスジャパン株式会社

本社所在地：〒107-0052　東京都港区赤坂4-15-1 赤坂ガーデンシティ19階
TEL：03-5114-3850 ［インサイドセールス］
http://www.f5networks.co.jp/
製品に関する問合せ先（お見積りなど）
担当部署：インサイドセールス
TEL：03-5114-3850
E-mail：以下のURLからお問い合わせください。
http://www.f5networks.co.jp/inquiry/

FlowMon

FlowMonで、すべてのネットワーク上の振る舞いをあなたの管理下に！

- ■ 提供形態：アプライアンス一体型タイプ（クラウド対応仮想版）
- ■ 提供機能：ネットワークフロー生成機能（プローブ）、ネットワークフロー解析機能（コレクタ）
- ■ 価格：プローブ／144,000〜　コレクタ／¥518,000〜

セキュリティ事故発生！FlowMonなら、あなたのネットワークで、いつ・誰が・何をしたか、たったの5分で解析できます。また、ユーザの望ましくない振る舞いを検知・報告することで、社内の規律保持を容易に実現できます。

帯域トラブル発生！FlowMonなら、パケット解析と同レベルの解析が、たったの5分で実現可能です。帯域を占有しているユーザ（端末）を即座に発見し、原因を特定できます。

FlowMonでは、すべてのネットワーク上の振る舞いをネットワークフロー情報として保持することが可能なので、帯域トラブル発生時の詳細なトラフィック解析から、セキュリティ事故発生時、または抑止のためのユーザ端末／サーバ機器の振る舞いの監視・解析まで、あなたのネットワーク上のすべての動きを可視化致します。FlowMonを使って、日々のネットワーク・セキュリティ管理業務の負担を軽減しましょう。FlowMonでは、業界標準のネットワークフロー技術であるNetFlow（プローブ、コレクタ）、sFlow（コレクタ）に完全対応しているため、監視対象環境の各ネットワーク機器（スイッチやルーター）でフロー情報が生成可能であれば、コレクタ（分析器）を対象の環境に設置するだけで、すぐに分析を開始できます。フロー情報の生成が出来ない環境でも、FlowMonプローブ（コレクター体型タイプ）を導入することで、フローの生成から解析まで一度に実現可能になります。

セールスポイント
- 導入が容易な各種クラウドサービス環境に対応
- 圧倒的な低価格（標準的フローコレクタアプライアンス製品との比較）
- 分かりやすいGUI
- 豊富なフィルタ機能（IP、IP範囲、VLAN、プロトコル、MPLS, etc）による自由自在な分類＆分析＆グラフ化
- 高度なレポート機能（編集／自動生成）
- 学習機能付き振る舞い検知
- パケットキャプチャ機能（オプション）

メリット
- セキュリティ事故の抑止
- セキュリティ事故対応費用の削減
- ネットワークトラブル対応時間の短縮
- 日常のネットワーク・セキュリティ管理／運用のコストの削減
- 正確なネットワークインフラキャパシティプランニングの実現
- 将来の投資コストの削減

お奨めしたいユーザー
- ■ 帯域トラブルの原因特定のためにパケット解析に膨大な時間を費やしてしまっているネットワーク管理・運用者様
- ■ ネットワーク上で、いつ・誰が・何をしたか、まったく把握できておらず、ユーザの振る舞いをどう監視・管理したらよいのかお困りのセキュリティ管理・運用者様
- ■ クラウドを利用したフロー分析を体験してみたいユーザ様

■ Company Profile

システムの設計・構築・保守及びコンサルテーション。インターネット、イントラネットに関する接続・設計、及び構築業務。ソフトウェアの開発及び代理店販売。ソフトウェア製品の輸入販売。

オリゾンシステムズ株式会社

本社所在地：〒160-0022　東京都新宿区新宿6-27-56 新宿スクエア 7F
TEL：03-6205-6084　FAX：03-3205-6040
http://www.orizon.co.jp/products/flowmon/
製品に関する問合せ先（お見積りなど）
担当部署：ITサービス統括部
担当者：FlowMonチーム
TEL：03-6205-6084　E-mail：flowmon-sales@orizon.co.jp

情報漏えいに強い認証／鍵管理基盤LR-AKE

サーバ／クライアントいずれからの情報漏えいにも
耐性のある認証および鍵管理基盤技術。

商品構成） LR-AKEサーバ。クライアントSDK：各種アプリからLR-AKEの機能を呼び出すためのAPI。LR-AKEサテライト：LR-AKEサーバと既存の認証サーバを連携させるための仕組み。

LR-AKEクライアントSDK（ソフトウェア開発キット）は Windows、iOS、Android、MacOSX、Linuxに対応。APIを使い、既存のアプリからLR-AKEの各種機能を呼び出せます。

LR-AKEサテライトを使うと、Active Directory、データベース、/etc/shadowなどを用いた既存のパスワード認証をワンタイムパスワード（LR-OTP）に変換することが可能です。

LR-AKE（Leakage-Resilient Authenticated Key Establishment）は、従来のユーザ認証方式がサーバからの情報漏えい、端末の紛失・盗難、フィッシング詐欺、パスワードクラックなどに対して脆弱であったが、サーバおよび端末に保存されるデータと通信路上に流れるデータを見直し新たに設計し直すことにより、各種攻撃への耐性を高めた方式です。ユーザ認証／サーバ認証機能以外に、情報漏えいに強い性質を応用することで、個人情報や他のアプリで利用するパスワード、暗号鍵などの重要データをサーバとクライアントに分散保存する機能や、分散保存されたデータをユーザの各種端末から取り出す機能も提供します。これらの機能はパブリッククラウドなどで高い安全性と利便性の両立を実現する際に有効な解決策となります。

セールスポイント
ユーザがスマホ、タブレット、ノートPCなどの各種端末からクラウドを利用する際のユーザ／サーバ認証、保存データの暗号鍵の分散保存に最適なソリューション。

メリット
情報漏えいリスクの低減。攻撃耐性を確保しつつ短いパスワードを許容できることによる利便性の向上（特に、スマホ、タブレット利用時のパスワード入力）。既存アプリ、既存認証システムとの連携による既存システムの有効活用と安全性強化。

お奨めしたいユーザー
ユーザ認証／サーバ認証を提供されている各種業種や、個人情報、パスワード、暗号鍵などの重要機密情報を管理されている業種一般。金融、官公庁、防衛産業、医療情報など。

■ Company Profile

BURSEC株式会社は独立行政法人産業技術総合研究所（産総研）の技術移転ベンチャーとして2010年4月1日に設立されました。産総研で研究開発されました純国産の認証／鍵管理基盤技術 LR-AKE の提供を行っております。

BURSEC株式会社
本社所在地：〒105-0004 東京都港区新橋 5-22-6 2-5FB
TEL：03-6415-2586　FAX：03-6415-2575
http://www.bursec.com
製品に関する問合せ先（お見積りなど）
担当部署：営業部
担当者：齊藤 匡人　奥園 孝二
TEL：03-6415-2586　E-mail：info@bursec.com

Barracuda Web Application Firewall

パブリッククラウドでアプリケーションとワークロードの安全を守る

包括的なアプリケーションセキュリティ プロアクティブな防御

情報漏えい対策

インバウンド検査

アウトバウンド検査

Amazon Web Services（AWS）やMicrosoft Azureでホスティングされているアプリケーションや、関連する機密データを包括的に保護します。

パブリッククラウドのセキュリティ対策は万全でも、Webアプリケーションに特化したセキュリティ対策には、WAF（Webアプリケーションファイアウォール）が必要不可欠です。

パブリッククラウド上にWAFを「持ち込み」することでWebアプリケーションに対する攻撃を保護するBarracuda WAF。従来のアプライアンスと同様の機能をパブリッククラウド上でもご利用頂けます。

今日、ほとんどの企業のIT部門にとって、優れたコスト効率とテクノロジのメリットの面から、クラウドコンピューティングは「必要不可欠」になっています。しかし従来のITが抱えている最も大きな懸念事項の1つである、データとアプリケーションのセキュリティの確保は変わっておらず、オンプレミスのソリューションと同じようにクラウドでも同様の配慮が必要です。

一般的に、物理的なデータセンターで直面する脅威は仮想環境の場合でも同じです。つまり、アプリケーションをクラウドに拡張する場合、個人情報、ネットワーク／アクセスコントロール、情報保護、そしてエンドポイントのセキュリティといった概念も同じく拡張されることになります。Barracuda Web Application Firewallは、アプリケーションレイヤ攻撃手法に対する優れた防御機能を提供します。

セールスポイント

SQLインジェクション、クロスサイトスクリプティング（XSS）、セッションスプーフィング、XMLベース攻撃、ブルートフォース攻撃、マルウェアアップロード、セッション改ざんなど、アプリケーションレイヤにおける最新のリスクからクラウド上の広範なアプリケーションを守ることで、安心してパブリッククラウドを利用することができます。

メリット

Barracuda WAFは、物理アプライアンスでの豊富な実績があり、信頼性が高い製品をクラウドで提供しています。物理アプライアンスで培った技術をベースにクラウドに対応しているので、オンプレミスと同等のセキュリティレベルをパブリッククラウドでも維持できます。

お奨めしたいユーザー

Microsoft Azure や Amazon Web Service上で、アプリケーションレイヤにおける最新のリスクに対するセキュリティを確保したいユーザ

パブリッククラウドの導入に対する課題として、情報漏洩などのセキュリティを懸念するユーザ

■ Company Profile

ジェイズ・コミュニケーションは、「安全で快適なネットワークセキュリティソリューションをすべてのお客さまに。」というテーマのもと、業界の黎明期より培ったコンサルティング力・技術力を駆使し、ネットワークセキュリティ専業企業として、セキュリティアプライアンスの販売、インテグレーション、保守・運用サービスを提供しています。

ジェイズ・コミュニケーション株式会社

本社所在地：〒104-0033　東京都中央区新川1-16-3
　　　　　　住友不動産茅場町ビル8F
TEL：03-6222-5858　　FAX：03-6222-5855
http://jscom.jp/
製品に関する問合せ先（お見積りなど）
担当部署：マーケティング部　担当者：小崎 史貴
TEL：03-6222-5858　E-mail：info@jscom.co.jp

J's Communication

クラウド セキュリティ ソリューション

安全なウェブサイトとデータセンターにより、ダウンタイムとデータ窃盗のリスクを軽減。

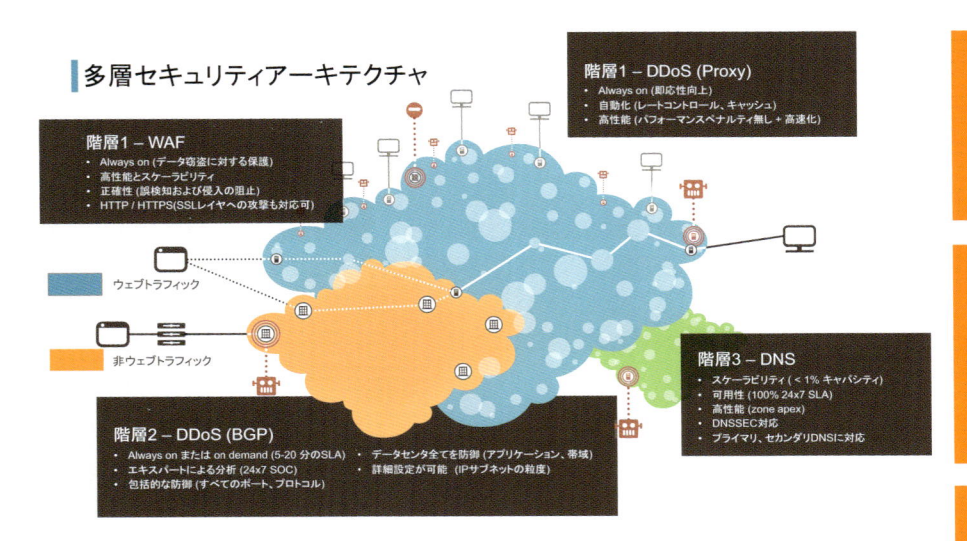

多層セキュリティアーキテクチャ

階層1 – WAF
- Always on (データ窃盗に対する保護)
- 高性能とスケーラビリティ
- 正確性 (誤検知および侵入の阻止)
- HTTP / HTTPS(SSLレイヤへの攻撃も対応可)

階層1 – DDoS (Proxy)
- Always on (即応性向上)
- 自動化 (レートコントロール、キャッシュ)
- 高性能 (パフォーマンスペナルティ無し + 高速化)

階層2 – DDoS (BGP)
- Always on または on demand (5-20 分のSLA)
- エキスパートによる分析 (24x7 SOC)
- 包括的な防御 (すべてのポート、プロトコル)
- データセンタ全てを防御 (アプリケーション、帯域)
- 詳細設定が可能 (IPサブネットの粒度)

階層3 – DNS
- スケーラビリティ (< 1% キャパシティ)
- 可用性 (100% 24x7 SLA)
- 高性能 (zone apex)
- DNSSEC対応
- プライマリ、セカンダリDNSに対応

ウェブトラフィック
非ウェブトラフィック

Prolexic
大規模で複雑な攻撃からデータセンターのインフラすべてを保障するDDoS防御。

Kona Site Defender
脅威や巧妙さ、規模が次第に高まりつつある攻撃からウェヴサイトを守るマルチレイヤーの防御。

Kona Web Application Firewall
SQLインジェクションやクロスサイト・スクリプティングなどの攻撃を通じたデータ窃盗を阻止するアプリケーションレイヤーの防御。

Akamaiは、世界95カ国、900都市、16万台以上のサーバーで構成するAkamai Intelligent Platform を利用してサイトのパフォーマンスや可用性を維持しながら、急速に増える大規模で複雑なDDoS攻撃やアプリケーション層攻撃、DNSサーバーへの攻撃を、24時間365日監視し、独自メソッドで検出、特定、軽減することにより、妥協のないセキュリティを提供します。グローバルな攻撃に対抗できるよう拡張することができ、オリジンインフラを保護して、ビジネスに対するセキュリティ脅威の影響を最小限にとどめます。

セールスポイント

ウェブシステムに対して：
- セキュリティ対策によるウェブシステムのパフォーマンス劣化が発生しない
- クラウド型であるため、インフラの運用 (RFI、RFP、導入、運用、更新)から開放可能
- 可用性SLA 100%の保証

非ウェブシステムに対して：
- 圧倒的なキャパシティにより大規模なDDoS攻撃にも対応可能
- 各DDoS攻撃のメソッドに対して、詳細なSLAを提供
- 24/365の監視/サポート体制の提供 (2015年春より日本語のサポートも開始予定)

お奨めしたいユーザー
製造、流通、金融、電気、ガス、官公庁などクリティカルなネットワーク環境で運用されており、セキュリティレベルを上げる必要がある企業、官公庁にお奨めします。

Company Profile

Akamaiは、オンライン上のコンテンツやビジネス・アプリケーションの配信・最適化・確実性の向上を図るクラウドサービスのリーディングカンパニー。ソリューションの中核は比類のない信頼性とセキュリティ、可視化、専門知識とともに幅広いリーチを実現するAkamai Intelligent Platform™です。

アカマイ・テクノロジーズ合同会社

本社所在地：〒104-0031 東京都中央区京橋2-1-3 京橋トラストタワー
TEL：03-4589-6500　FAX：03-4589-6501
http://www.akamai.co.jp
製品に関する問合せ先 (お見積りなど)
担当部署：マーケティング本部
TEL：03-4589-6500
E-mail：Info_japan@akamai.com

WEBROOT SecureAnywhere Business

次世代のアンチウイルスソフト登場
フルクラウド型でスマホ/タブレット/PC/Macも一括管理

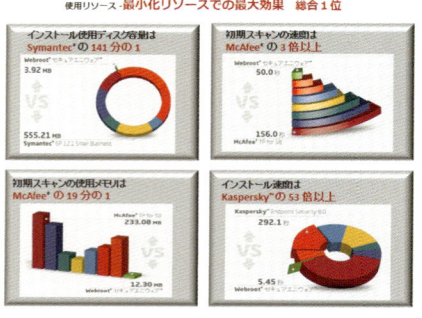

全米新規売上 No.1!!
クラウド上でウイルスをチェックするため、動作が軽く、速い。また、使用するリソース（CPU、メモリ、ハードディスク）が少ないのが特徴。

WEBROOTは、振る舞い判定で「未知のウイルス」にも対応！！
不審な動作をするプログラムを常に監視し、不審な行動を起こした時点でプログラムを自動的に排除し、感染から保護します。

1ユーザで4デバイスまでインストール可能。
スマートフォン（iPhone, Android）／タブレット／Windows／Macを一括管理可能。（User Protectionライセンスの場合）

出典：Endpoint Security Performance Benchmark(February 2012) PassMark.Software

WEBROOTは、クラウドに「ウイルス知識ベース」を配置！！
ネットワーク負荷が高まり、多くのリソースを消費する「定義ファイル」を端末上にダウンロードしません。
「定義ファイル」の代わりに、クラウド上に巨大な「ウイルス知識ベース」を配置し、それを利用してウイルスチェックを行うため、常に最新状態で保護が可能。さらに、軽さと速さを実現しました。

管理面でも、クラウド型（SaaS）管理サーバのため、サーバ投資が必要なく、多数の端末も一括管理が可能なため、管理コストも圧縮できます。

また、他のセキュリティソフトと共存可能なため、試用版の評価プロセスも容易で、本番環境の配備時にも安全に移行できます。

[ライセンスは3種類]
・**Mobile Protection**
iPhone, iPad, Android に対応。紛失デバイスの保護も可能。
・**Endpoint Protection**
Windows, Mac に対応。マシン1台を丸ごと保護、WindowsServerも同額。
・**User Protection**
Mobile Protection と Endpoint Protection の両方の機能を1つに統合。
1ユーザで4デバイスにインストール可能。

セールスポイント

パターンチェックで排除できない「新種のウイルス」にも対応。
アンチウイルスソフトは検出による保護から、感染からの保護にシフト！！
フルクラウド型による、軽さと早さだけではありません。振る舞い判定により、パターンチェックでは排除できない「新種のウイルス」にも対応。不審な動作を監視し、排除、感染からしっかり防御します。

また、モバイル用には紛失保護機能（位置検索、ロック、デバイス初期化、SIMロック）により重要な情報を保護します。
30日の無料評価版をぜひお試しください。

メリット

管理サーバは不要、低コストで導入完了。
低スペックマシンや仮想環境など、リソースが制限されている端末でフルスキャンを行っても、ユーザの業務を停滞させません。また、管理サーバの導入も必要無いため、余計な費用もかからず、すぐに導入できます。
さらに、一人でPC、スマホ、タブレットなど複数台所有している場合、UserProtectionなら1ライセンスで4台まで保護が可能となり、コスト圧縮できます。

お奨めしたいユーザー

・軽くて早くて安全なセキュリティソフトを求めている。
・PC／スマホ／タブレットなど複数のデバイスを一括で管理したい。
・外出が多く社内で定義ファイルを更新できない。
・管理サーバを無くしたい、または、管理サーバの導入コストおよび管理コストをおさえたい。

低スペックマシンや仮想環境に導入したいなどの多様な要望を満たしたいユーザにお奨めします。

■ Company Profile

アープはソフトウェア開発から第三者評価検証、各種製品販売の分野で活躍しています。ソフトウェア開発では、Windows、Linux、Webアプリケーション、医療系ソフトウェア（DICOM）の開発を行っています。また、自動化製品やセキュリティ製品の販売・導入支援のほか、各種製品の販売も行います。

株式会社アープ

本社所在地：〒101-0052 東京都千代田区神田小川町3-8 神田駿河台ビル6F
TEL：03-5259-5891　FAX：03-5259-5892
http://www.arp-corp.co.jp/
製品に関する問合せ先（お見積りなど）
担当部署：企画営業部
担当者：石川勝敏
TEL：03-5259-5891　E-mail：sales-ml@arp-corp.co.jp

Vanquish（ヴァンキッシュ）

サーバへのサイバー攻撃から守るIPS・WAF
個人情報漏洩・改ざん被害対策に

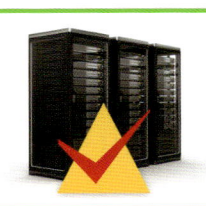

ほぼ全てのサーバ・OSでの動作が確認でき、DDos攻撃、ブルートフォースアタック、SQLインジェクションなどを防ぐほか、世界中の最新の攻撃に対応すべくシグネチャを毎日更新

サービスは業界トップクラスでコストが業界平均の半分以下の月額7万円！シンガポールにオペレーションセンターを設け、ネットワークの資格を持つ専門技術者40名による有人監視を24時間365日の体制

サーバ監視プログラムは非常に軽快に作られており、負荷は1％以下です。「サーバが重たい」などのセキュリティプログラムを導入した為に発生する苦情は一切なし。またサーバを止める事無く導入可能

ヴァンキッシュ
Vanquish

ニュースなどで話題になる事も多くなった個人情報漏洩やWEBサイト改ざんによる被害。これらの多くは防ぐ事が難しい外部からの不正アクセス・サイバー攻撃によるものです。大企業だけでなく、中小企業でもいつ被害にあってもおかしくない状況が続いています。中小・個人企業におけるそのようなサイバー攻撃による被害リスクを軽減させるためのサービスとして、効果の高いサービスです。これまでサーバセキュリティはクラウドサーバへの対応が難しく、さらに通常のアプライアンス型では、導入初期費用100万円、月額20万円以上の費用が発生するのが一般的でした。しかしヴァンキッシュの場合、クラウドサーバへの対応も可能で、業界平均の半分以下の初期費用無料、月額7万円で24時間365日対応のサーバセキュリティが導入できることになります。世界中で2000台以上の導入実績があり、多くの企業のセキュリティリスクの軽減をサポートしております。

セールスポイント

2014年サイバーセキュリティ基本法が成立した事により中小企業においてもセキュリティへの意識が高まっています。そのような中で企業が直面しているサイバー攻撃などによる個人情報漏洩・WEBサイト改ざん被害リスクを軽減させるための方法として注目を集めています。導入が必須になると予想されます。

メリット

外部からの「不正アクセス・サイバー攻撃」、それによって起こる「個人情報漏洩・WEBサイト改ざん」などの被害からあなたのサーバを守ります。さらには、日々進化するサイバー攻撃のパターンをも取り込み、サービスも進化しますので、技術的なアップデートも心配なく対応しています。導入はサーバを止める事なく「IPアドレス情報」「root権限」のみで可能で、導入後もサーバ不可は1％以下、専門の技術者は不要です。

お奨めしたいユーザー

「ECサイト」や「会員サイト」など、個人情報を多く扱っているサイトを運営している企業などWEBサイトが売上に直結しているサイトを展開している企業。ASPなど、インターネットを経由してサービスを提供している企業など。サイトが停止してしまうとビジネスそのものが停止してしまう様な事業者、WEBサイト・サーバに依存している割合の高い企業にとっては導入メリットが高いサービスです。

■ Company Profile

Web制作、Webマーケティングから、サイバーセキュリティ事業を展開し、ITに関する幅広い分野に対応している。セキュリティ分野では、2015年から「サイバーセキュリティ.com」というポータルサイトを立ち上げて、セキュリティ関連のニュースやコラム、さらにはセキュリティサービスや求人情報を紹介している。

株式会社シーズ・クリエイト

本社所在地：〒107-0052　東京都港区赤坂3-21-5　三銀ビル3F
TEL：0120-716-612　FAX：03-6734-7176
http://security-service.pw/
製品に関する問合せ先（お見積りなど）
担当部署：セキュリティ事業部
担当者：角田（つのだ）
TEL：0120-716-612　E-mail：vanquish-contact@seeds-create.co.jp

SeedsCreate

iSHERIFF CLOUD SECURITY

業界初！クラウド型統合セキュリティ対策
コストも手間も抑えたい中小規模法人にピッタリ！

Web、メール、エンドポイントへの包括的なセキュリティ対策により、マルウェアの感染経路をシャットアウト。クラウドベースのためマルウェアがお客様のネットワークやデバイスに侵入する前にアイシェリフのクラウドサーバーで検出・駆除します。

ウイルス/マルウェア対策、アプリケーションコントロール、URLフィルタリング、Webアプリケーション管理、ネットワーク仕様帯域幅の管理、情報漏洩対策、スパム/フィッシング対策等
対応OS：Windows, Mac OS, Linux, iOS*, Android*（*一部機能制限あり）

クラウドベースのため、お客様のPCやタブレットが社内ネットワーク内でも公衆ネットワーク利用時でも常に同じセキュリティポリシーが適用され従業員とデバイスを安全に保護します。

お客様の組織を様々な脅威から保護する方法は、シンプルかつ堅牢であるべきです。近年急増しているマルウェア、より高度に進化したセキュリティ脅威、複雑さを増したセキュリティ対策製品等、IT管理者がセキュリティ対策を行う上での苦労は増加するばかりです。
さらに、Webやメール経由でのマルウェアが増加するに伴い、IT管理者は複数のセキュリティ対策製品を導入し複数のセキュリティポリシーを管理する必要に迫られています。また組織も個人情報保護への複雑な法律やコンプライアンス要件に取り組まなければならず、雇用主は攻撃的で危険なコンテンツから従業員を守り、安全で生産性の高い職場環境を提供する必要があります。
iSHERIFF CLOUD SECURITYは、エンドポイント、Web、メールに対してシンプルで統合されたクラウドベースのセキュリティ対策を提供し、IT管理者が待ち望んでいた、素早い導入、簡単な運用、優れた費用対効果をすべて実現します。

セールスポイント
エンドポイント、Web、メールへのセキュリティを完全に統合、セキュリティポリシーを一元化でき単一のWeb管理コンソールからの管理を実現。完全なクラウドベースのソリューションのため従来型製品と異なり、ウイルスやマルウェアがお客様のネットワークやデバイスに侵入する前にアイシェリフのクラウドサーバーで検出・駆除されます。

メリット
クラウドベースのため、従来型製品のようにお客様自身で管理サーバーを用意したり、面倒なインストールや初期設定、日々のアップデートやバージョンアップ等のメンテナンス作業が不要となり、アイシェリフのクラウドサーバーで自動更新される最新のセキュリティ対策機能を常にご利用いただけます。

お奨めしたいユーザー
専任のIT管理者がいない小規模事業所から数名のITスタッフで組織のシステム全体を管理している中規模事業所に最適。セキュリティ対策のクラウド化によりコストも管理の手間も小尾は那波に削減できます。また、複数のクライアント企業様へのセキュリティを運用・保守されるサービスプロバイダー様（MSP・VAR）にとっても専用の管理機能があり最適です。

■ Company Profile

アイシェリフは、クラウドベースのコンテンツフィルタリングおよびマルウェア対策製品のグローバルリーダーです。1996年より世界最大級のソフトウェア企業CA Technologies Inc.にてウイルス対策等のセキュリティ製品の研究開発を始め、2011年6月にCA社から独立、現在は米国、ヨーロッパ、日本、オーストラリア、アジアにて事業を展開するプライベート企業です。

アイシェリフ・ジャパン株式会社

本社所在地：〒106-0047 東京都港区南麻布3-20-1
　　　　　　麻布グリーンテラス5F
TEL：03-6859-8507
http://www.isheriff.co.jp
製品に関する問合せ先（お見積りなど）
担当部署：営業本部
担当者：長谷（はせ）
TEL：03-6859-8507　E-mail：info-jp@isheriff.com

安否確認サービス

緊急時に対策指示まで行える！
サイボウズスタートアップスの安否確認サービス

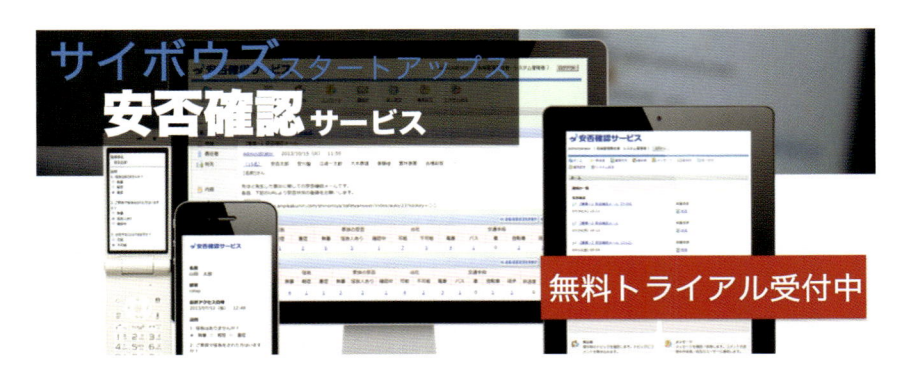

あなたの使っている安否確認システムは対策指示まで行えますか？サイボウズスタートアップスの安否確認サービスは、BCPの初動において、社員の安否確認を行なうだけではなく、その後の対策指示まで行なうことができます。設問を付ける「一斉送信」、全体連絡の「掲示板」、グループ内のみでやり取りのできる「メッセージ」、これらを使い分けることで緻密なコミュニケーションが可能です。家族同士でコミュニケーションを取る「家族メッセージ」機能で家族の安否確認も可能です。また、国際分散したサーバーはアクセスの負荷に応じて　その台数を自動的に増やすことができる「オートスケール」機能を実装していますので、大災害時に多くのユーザーからアクセスが集中しても安心です。30日間の全ての機能が試せるトライアルも受け付けておりますので、是非お試しください。

緊急時だからこそ誰でも簡単に使いこなせる簡単なユーザーインターフェースで、「報告させること」、「報告を集計すること」と「対策の指示をし、それを確認し合うこと」の3つの目的で使えるクラウドサービスです。

日本国内での大災害に備え、安否確認サービスのメインシステムはシンガポールに設置しています。バックアップとして日本とアメリカにサブを設置し、いかなる災害時にも利用できるようにサービスを提供しています。

PC、スマートフォンはもちろん、ガラケーにも対応した安否確認サービス。通知方法はメールだけでなく、スマートフォンアプリやtwitterにも対応しているので、緊急時にもより確実に通知。6,800円/月〜

セールスポイント

他のサービスには無い対策指示機能が実装されている点が特長です。緊急時には普段よりも議論・確認することが多いにもかかわらず、他の安否確認システムではそれが行えません。一斉送信だけではなく、対策指示まで行えることで、BCPの初動においてスムーズにアクションを起こすことができます。また、ここまでの機能が付いて、価格は他社の約半額といった低価格で提供しています。是非、複数社比較のうえ、ご検討ください。

メリット

緊急時に素早く連絡が取れるので、管理者・一般ユーザーともに安心できます。また、復旧に向けた対策指示もスムーズに行えますので、本来の自社業務の遅滞・停止を最低限に抑え、お客様からの信頼を失うことも防げます。

お奨めしたいユーザー

50人クラスの中小企業から1万人の大企業と、幅広い企業にお使いいただけます。特に、現在緊急連絡網の運用を一切していない企業だと、この安否確認サービスの導入は、同時に連絡網構築も兼ねるので、これを機にご検討ください。

Company Profile

サイボウズスタートアップスは、ビジネス向けのクラウドサービスを提供するサービス企業。安否確認サービスやサイボウズkintoneなどのクラウドサービス間を連携させたサービスの提供を行なっている。

サイボウズスタートアップス株式会社

本社所在地：〒102-0081　東京都千代田区四番町7-5-703
TEL：03-6380-8584　　FAX：03-6380-9784
http://anpi.cstap.com/
製品に関する問合せ先（お見積りなど）
担当部署：管理事務局
担当者：田里
TEL：03-6380-8584　　E-mail：info@cstap.com

クラウドワープ

そうだ、クラウドに引っ越そう。

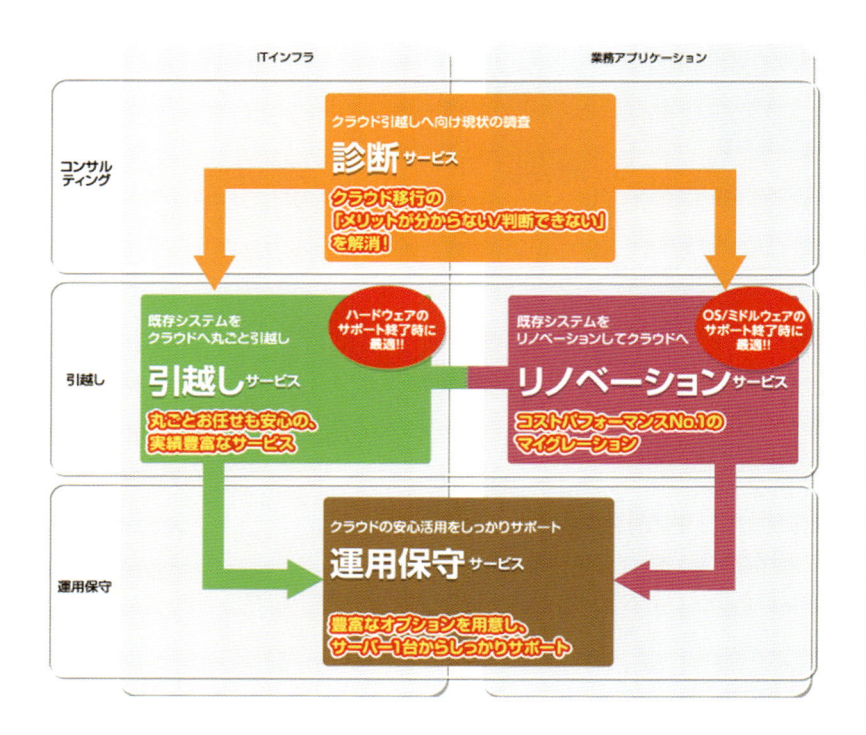

① クラウド引越しのトータルコーディネーター
既存システムのクラウド引越しに関することなら何でも、お気軽にご相談ください。クラウドワープは、「クラウド引越しのトータルコーディネーター」です。

② クラウドへの引越し
クラウドワープはお客様の既存システムをクラウドへ引越しするサービスです。2012年10月のリリースから約2年で引越し実績は20社以上。クラウド資格取得者も170名を超え、経験・知識とも国内屈指です。

③ マイグレーション
Microsoft製品をはじめとしたマイグレーション実績も豊富です。OS/ミドルウェアのサポート終了に伴うバージョンアップや動作確認およびプログラムの不具合修正まで行い、合わせてクラウドへ引越します。

クラウドワープは、お客様の既存システムをクラウドへ引越しするサービスです。「ITインフラからアプリケーションまで」全てのレイヤを、また「コンサルティングから引越し、運用保守まで」全てのフェーズを、4つのソリューションカットにてワンストップで実現します。

① 「診断サービス」
かんたん診断はなんと無料！クラウド引越しへ向け現状の調査

② 「引越しサービス」
サーバー1台からでも引越しOK！既存システムをクラウドへ丸ごと引越し

③ 「リノベーションサービス」
ベトナムオフショアを活用し、既存システムを高品質かつ低コストでリノベーションしてクラウドへ

④ 「運用保守サービス」
豊富な運用オプションをご用意し、クラウドの安心活用をしっかりサポート

セールスポイント
① 無料から始められるクラウド引越し検討
② サーバー1台からでも引越しOK
③ ITインフラからアプリケーションまで丸ごとお任せも安心
④ ベトナムオフショアを活用し、大幅なコスト抑制が可能

メリット
① クラウドに関する専門知識は不要
② 引越しやマイグレーションにかかるコストを抑制
③ システム運用負荷の軽減
④ 事業継続性の向上

お奨めしたいユーザー
業種を問わず、既存システムに課題をお持ちの様々な中堅中小企業様には特にお奨めしております。

Cloud WARP
既存システムの引越し

クラウドワープは、お客様の既存システムをクラウドへ引越しするサービスです。年々クラウドの普及が進み、利用者は多くのメリットを享受できるようになった昨今、数多くのお取引先様から「自社のシステムをクラウドへ引越したいが、方法や手段、何を準備してよいのか分からない」「自社のシステムがクラウドへ引越しできるのか、またコストがどれ位かかるのか知りたい」といったご相談をいただくようになったのをきっかけに、2012年10月にリリースしました。

クラウドワープは「豊富な実績と知識」から「ユーザー目線」で生み出した様々な特徴を持ち、数多くのクラウドインテグレーターが存在する中で殆どのお客様が最終的には「競合なし」で弊社にご用命いただいております。

★クラウドワープの主な特徴
・無料から始められるクラウド引越し検討
・サーバー1台からでも引越しOK
・「ITインフラからアプリケーションまで」全レイヤをワンストップで対応
・「コンサルティングから引越し、運用保守まで」全フェーズをワンストップで対応
・ベトナムオフショアを活用し、引越しやマイグレーションにかかるコストを抑制
・クラウドに関する豊富な実績（引越し実績20社以上）と知識（資格取得者140名以上）。

Case Example

- **人材派遣（引越しサービス）**
  サーバー16台を12台に集約しクラウド関東へ引越し、クラウド関西へデータバックアップ。
- **保険（引越しサービス）**
  基幹系システムおよび情報系システムをクラウドへ引越し。
- **製造業（リノベーションサービス）**
  製品検査システムのマイグレーションを行い、クラウドへ引越し。
- **出版（リノベーションサービス）**
  販売管理システムのマイグレーションを行い、クラウドへ引越し。
- **商社（リノベーションサービス）**
  販売管理システムの再構築を行い、クラウドサービスとしてご提供。
- **製造業（リノベーションサービス）**
  生産管理システムを弊社パッケージにて再構築し、工場でタブレットから利用可能に。

・人材派遣（複数社）
・保険（複数社）
・製造業（複数社）
・商社（複数社）
・出版
・ビル管理
・投資信託
・IT
・その他多数

Company Profile

株式会社システムエグゼ

弊社は「データベースとクラウドのサービスインテグレーター」として、様々なお客様に顧客満足度を重視しながらより良いシステム開発とソリューションの提供を行っております。拠点は国内7か所および海外2か所。創業から17期目にして従業員数は520名、売上は60億円を超え、増収増益を続けております。

本社所在地：〒104-0028　東京都中央区八重洲2-7-2
　　　　　　八重洲三井ビルディング5階
TEL：03-5299-5352　　FAX：03-5299-5354
http://www.system-exe.co.jp/
製品に関する問合せ先（お見積りなど）
担当部署：マーケティング営業推進グループ
TEL：03-5299-5352　　E-mail：mktg@system-exe.co.jp

ITで豊かな未来を創る
SystemEXE

VQS COLLABO

Web会議システムからコミュニケーションツールへ。
ビジネスでも、教育でも。

VQSコラボBusinessは、WEB会議用途だけでなく社内教育や面談、社外に向けたセミナーなど、リアルタイムなコミュニケーションが求められる多くの場面で利用されています。

VQSコラボLearningは、遠隔授業システムのパイオニア。学習塾・外国語学校・大学など多くのお客様で、遠隔教育サービスの基盤として利用されています。

VQSコラボとは、映像・音声・資料を用いて双方向リアルタイムコミュニケーションを実現するためのツールです。テレビ会議や遠隔授業の現場で、高品位でリアルな音質や手書きによる書き込み共有をご評価頂いております。

VQSコラボには4つの特長があります。

①高音質
雰囲気まで伝わる、リアルな音質
音楽圧縮技術を採用し、リアルな会話を実現します。
「今・そのまま」が伝わる高音質で、離れた会議室の雰囲気まで伝わります。

②手書き入力デバイス対応
書いて伝える、リアルなホワイトボード
市販の手書き入力デバイスを使って、ホワイトボードと書き込みが連動します。

③安定動作
遅れない、途切れない、止まらない
会話が途切れたり映像が乱れないように、様々な技術を用いています。実際の会話で声が途切れることがないのと同様に、VQSコラボは当たり前のコミュニケーションに必要な通信帯域の制御や遠隔調整など、様々な工夫を凝らしています。

④選べるタイプ
用途に合わせて使い分け
少人数での打合せから大人数への配信までに対応した4種類の教室タイプを標準でご提供。オプションではなく、1契約で自由に使用することができます。

セールスポイント

◆**マルチデバイス対応**
Windowsパソコン・iPad・iPhone・Androidでご利用できます。すべて共通のインターフェイスを採用、タッチ操作を意識したシンプル設計です。

◆**カスタマイズ対応**
ご利用中のグループウェアとの連携や社内システムとの連携など、オリジナルカスタマイズを承ります。社内会議利用だけでなく、新たなサービスとして運用いただく場合など、様々な場面に対応します。自社開発の製品なので、カスタマイズのご要望にお応えできます。

メリット

＜ビジネスでは＞
経費削減、業務効率UP。
会議・打ち合わせの場面で参加者の"移動"の必要がありません。
素早い情報共有。
新商品の説明をする場面では、複数の営業拠点をまとめて実施でき、"生"の情報伝達や参加者との質疑応答ができます。

＜教育では＞
教室に通えない生徒向けに授業を行うことができます。
全国からの生徒募集や、海外から国内の生徒への指導ができます。
離れた学校との交流授業やディスカッションを行えます。

お奨めしたいユーザー

◆社内研修、社外セミナー、WEB会議などを検討している企業・団体（金融関連、IT・通信関連、物流・運送関連、自動車・バイク関連、建設・不動産関連、素材関連、食品関連、機械製造関連、サービス業関連、医療・福祉関連等）

◆一斉授業や個別指導、交流授業などを検討している教育事業者・公益法人・団体（大学・高校・中学校・小学校、専門学校・予備校・学習塾、各種専門学校等）

Q1：特徴的な機能を紹介してください。

・「セキュリティも安心」

当社採用の電子政府推奨暗号化技術Camelliaが2013年に行われた電子政府推奨暗号リストの更新において、「推奨暗号リスト」に採用されました。WEB会議サービスの中でも、トップクラスを誇る安心安全のセキュリティ設計で遠隔コミュニケーションをサポートしてまいります。

・「雰囲気まで伝わる、リアルな音」

NTTサイバースペース研究所が開発した音楽用圧縮技術である"TwinVQ"を採用し、CD音質に匹敵する音声サンプリングレート最大44kHzにも対応しています。

また、英会話レッスンや語学学校の授業では、映像と音声が同期することが重要です。

VQSコラボは"リップシンク"という唇の動きと発音がずれることなく、相手に届けることができる機能を標準搭載しています。

Q2：1つの契約で使用できる4つの部屋タイプを紹介してください。

社内会議や社員間のコミュニケーションには交流タイプ。社内研修やセミナー・講演会にはセミナータイプ。外出先・社外顧客との打合せにはモバイルミーティングタイプ。1対1での個別指導や1対複数（最大20名）での各個人への指導には個別指導タイプ。用途に合わせて使い分け、様々なシーンで利用することができます。

■動作環境（クライアント）

Windows

OS	Vista（32bit） 7〜8.1（32/64bit可）
CPU	Pentium4(HT) / CeleronM以上 （デュアルコア推奨）
メモリ	1GB以上
ブラウザ	Internet Explorer 7〜11 Firefox Google Chrome（一部機能制限あり）

※マイク・スピーカーが必要です。

iPad

OS	iOS 7
対応機種	iPad（第3世代〜） iPad mini（第1世代）
推奨機種	iPad（第4世代／Retina モデル） iPad Air iPad mini（第2世代／Retina モデル）

iPhone / iPod touch

OS	iOS 7
対応機種	iPhone 4s 〜 iPod touch（第5世代〜）
推奨機種	iPhone 5 iPhone 5c iPhone 5s

Android

OS	Android 4.1 以上
CPU	クアッドコア以上
解像度	1280×800px 以上

※タブレットでご利用ください。

Case Example

CKCネットワーク株式会社様は、幼稚園年長から社会人まで幅広い年代の方々に指導サービスを展開されています。その中でも、全国各地の会員の方々にWEBを利用した自宅で受講できる授業としてVQSコラボをご利用いただいています。

CKCネットワーク株式会社様のWEB授業は講師と生徒がリアルタイムにやり取りするライブ授業。動画配信など一方的に講師が行っている授業を見るだけではなく、授業中は講師から質問ができ会員の方々からも発言ができます。

CKCネットワーク株式会社様では、あくまでもリアルタイムの対面指導にこだわり、多人数の指導からマンツーマン指導、受験対策指導や英会話レッスンなど様々な授業形態を展開されています。

http://www.onlinezemi.com/

ECC外語学院、市進教育グループ、CKCネットワーク株式会社、帝塚山学院大学、文教学院、株式会社ベネッセコーポレーション、株式会社マイツ、株式会社ライオンヘアサロングループ（五十音順）ほか多数

Company Profile

藤野商事株式会社と株式会社オサムインビジョンテクノロジーの共同出資によって設立した会社です。株式会社オサムインビジョンテクノロジーが開発するWeb会議システム・遠隔授業システム「VQSコラボ」の企画・販売・運用・保守に加え、新たなソリューションを企画・提案しています。

VQSマーケティング株式会社

本社：〒601-8112 京都府京都市南区上鳥羽勧進橋町10-102
東京オフィス：〒101-0025 東京都千代田区神田佐久間町4-6
　　　　　　　東邦センタービル502
TEL：03-5829-6251　FAX：03-5829-6252
http://www.vqs-m.co.jp/
製品に関する問合せ先（お見積りなど）
担当部署：東京オフィス　TEL：03-5829-6251
E-mail：vqs.sales@vqs-m.co.jp

データセンターソリューション

シンプルでオープンかつセキュアなネットワークソリューション

シンプルでセキュアなネットワークインフラを実現

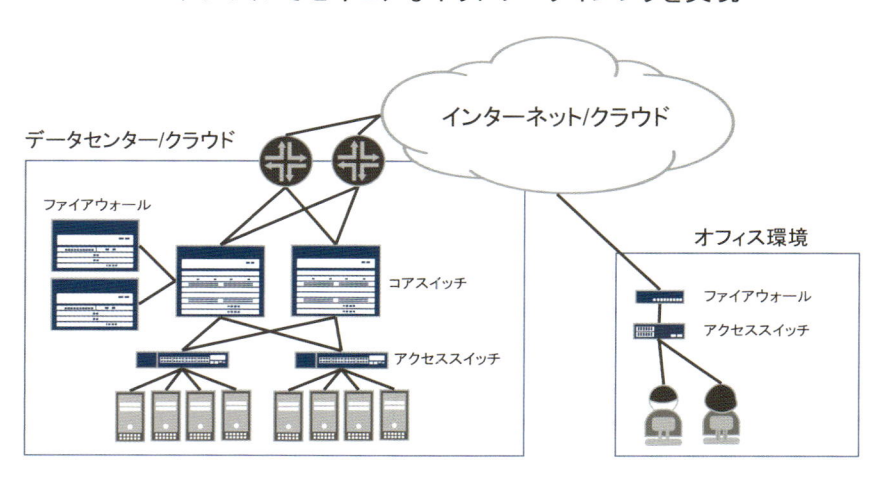

QFX5100シリーズスイッチは、1G/10G/40Gインターフェースを備え、企業内でのサーバー集約やデータセンター/クラウド環境に、高速超低遅延で高い可用性と柔軟性のあるシンプルなネットワークを構築致します。

EXシリーズスイッチは、企業からデータセンターなどの大規模環境まで対応し、アクセスからコアまで広範囲に利用できます。バーチャルシャーシ技術により、シンプルで可用性の高い柔軟なネットワークを構築致します。

SRXシリーズは、幅広い環境に対応する次世代ファイアウォールです。最大300Gのスループット、アプリケーションの可視化やユーザーロール・ファイアウォールなど優れた機能を提供するセキュリティプラットフォームです。

ジュニパーのデータセンター/クラウドソリューションは、通信キャリアやデータセンター/クラウド環境、そこに接続する企業や団体のネットワークに対して、シンプルでオープンかつセキュアなネットワーク環境を提供致します。QFXシリーズは主にサーバー等を収容するToRスイッチに適しており、バーチャルシャーシ/バーチャルシャーシファブリック/QFabricの3種類の仮想化技術に対応しています。EXシリーズはバーチャルシャーシ技術により、複数スイッチを1台のスイッチとして運用管理でき、1Gから100Gインターフェースまで対応するモデルをご用意しております。SRXシリーズは100Mbpsから100Gインターフェースを持つモデルまであり、必要に応じて各種セキュリティ機能を柔軟に組み込むことが可能で、最新のアプリケーション制御機能やユーザーロールのファイアウォール機能などを提供する次世代ファイアウォールです。

セールスポイント

いずれのシリーズも次世代ネットワークOS「Junos OS」を採用しており、単一の一貫性のある運用が可能となります。「Junos OS」は長年通信キャリアでつちかわれた技術を反映し、安定性、高可用性に優れています。スイッチングおよびセキュリティの運用に際し、複数の異なるオペレーションを習得する必要がなく、ネットワーク全体の管理性を高めます。

メリット

単一の操作性なので、管理者の技術習得にかかるコストを削減できます。バージョン管理がシンプルで、メンテナンスコストも軽減可能です。各製品とも豊富なラインナップと優れた拡張性により、初期費用や拡張時も含めた将来にわたる投資を抑え、運用コスト全体を削減できます。

お奨めしたいユーザー

ネットワークをよりシンプルにしたい、運用管理コストを削減したい、とお望みの小規模から大規模までの企業・官公庁・通信キャリアまであらゆる業種のユーザー様に適応できます。QFX、EX、SRXの各シリーズはデスクトップサイズのコンパクトなものから数千台規模のクライアント・サーバを収容できるものまで、ユーザー規模・通信量に応じたモデルを選択することが可能です。

ネットワークイノベーションを追求する弊社が自信をもってお奨めするデータセンターソリューションは便利さと拡張面で特に優れています。データセンターソリューションは次世代ネットワークOS「Junos OS」を採用し、ルーティング、スイッチング、セキュリティの運用に一貫性を提供するとともに、設定変更などにも柔軟に対応できます。

拡張性という点では、データセンターソリューションは仮想化技術に対応し、バーチャルシャーシによって10台までのスイッチを1台のスイッチとして、またバーチャルシャーシファブリックによって32台までのスイッチを1台のスイッチとして運用管理ができます。

さらにデータセンターソリューションは、企業に応じて必要な各種セキュリティ機能の組み込み、アプリケーションの制御などの次世代ファイアウォール機能をはじめ、お客様のニーズにお応えできるさまざまなオプションをご用意しております。

単一の操作性なので、管理者も楽に管理を行うことができ、メンテナンスコストの低下にもつながります。複雑なネットワークを少しでもシンプルにし、便利さをお客様に提供することが弊社のモットーです。

ジュニパーのクラウドソリューション

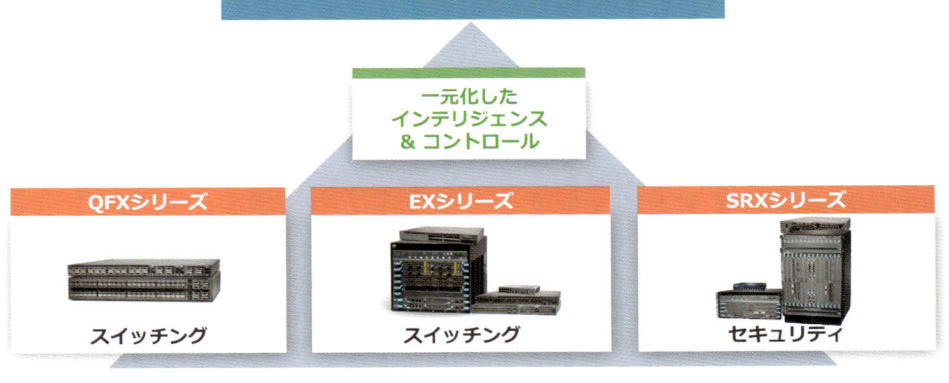

一元化したインテリジェンス＆コントロール

- QFXシリーズ — スイッチング
- EXシリーズ — スイッチング
- SRXシリーズ — セキュリティ

Case Example

データセンターではQFXによるファブリックテクノロジーを実現する「QFabric」を用いて、大規模なネットワークを単一ファブリックスイッチとしてシンプルに運用しております。また、EXスイッチやSRXファイアウォールはデータセンターをはじめ、企業・官公庁からキャンパスまで幅広く利用していただいております。EXではバーチャルシャーシによる仮想化で離れた拠点間であっても同一のスイッチとして操作でき、またSRXではシャーシクラスタテクノロジによる冗長化により、高可用性のあるネットワークを実現しています。

データセンター/クラウド事業者、通信キャリア、企業、官公庁、大学、研究機関等。

■ Company Profile

ジュニパーネットワークスは、ルーティング、スイッチング、セキュリティといったネットワーク製品により、「シンプル」「セキュア」「オープン」「拡張性」をキーワードに次世代のネットワークを推進し、優れたインテリジェンスを付加し、信頼性や可用性をも兼ね備えたネットワークイノベーションを提供致します。

ジュニパーネットワークス株式会社

本社所在地：〒143-1445 東京都新宿区西新宿3-20-2
東京オペラシティタワー45階
TEL：03-5333-7400　FAX：03-5333-7401
www.juniper.net/jp
製品に関する問合せ先（お見積りなど）
TEL：03-5333-7410
E-mail：otoiawase@juniper.net

JUNIPER NETWORKS

AnyClutch Remote （エニークラッチ リモート）

タブレットやスマホから会社のパソコンを
いつでも・どこでも高速遠隔操作

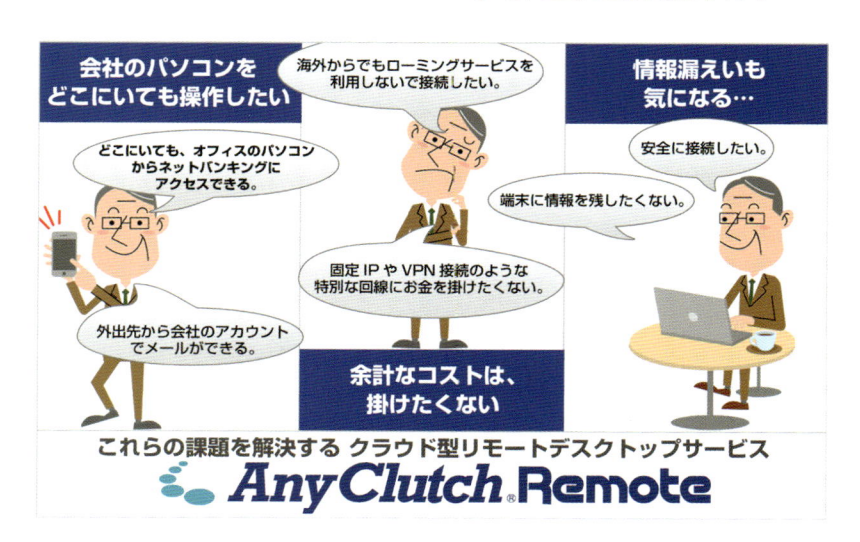

会社のパソコンをどこにいても操作したい
- どこにいても、オフィスのパソコンからネットバンキングにアクセスできる。
- 外出先から会社のアカウントでメールができる。

海外からでもローミングサービスを利用しないで接続したい。
- 固定IPやVPN接続のような特別な回線にお金を掛けたくない。

情報漏えいも気になる…
- 安全に接続したい。
- 端末に情報を残したくない。

余計なコストは、掛けたくない

これらの課題を解決する クラウド型リモートデスクトップサービス
AnyClutch Remote

専用のVPN回線不要、ルーター等ネットワーク設定変更不要ですぐに使い始められる、クラウド型リモートデスクトップサービスです。（参考価格：14,400円/年（税別））

遠隔操作側の機器として、Windowsパソコンはもちろん、iPhone、iPadや各種Androidデバイスなど、最新のスマートデバイスにも対応。

遠隔操作側の機器に画面転送しているだけなので、作業ファイルなどは遠隔操作側機器に残らず、通信経路上も強固な暗号化通信でセキュリティも万全です。

『AnyClutch Remote』は、PCやあらゆるモバイル端末を使って、遠く離れた場所からいつでも簡単・高速・安全に会社や自宅のPCを遠隔操作できます。
出張先でのデータ編集はもちろんのこと、パンデミック対策として「在宅勤務」にも最適です。
モバイル端末側には一切データを保存しないため、端末の紛失や盗難での情報漏えいの心配は無用です。
また、企業においてスマートデバイスを効果的に導入・活用するために、以下の点が評価され、選ばれています。
・Windowsパソコンはもちろん、iOSやAndroidなどのスマートデバイスをユーザ端末として利用することで、外出先から会社や自宅にあるパソコン（遠隔地パソコン）を「速く」「簡単」「安全」「リアルタイム」に遠隔制御が可能。
・遠隔サポートで十数年に亘って豊富な実績を持つ世界最速の遠隔制御エンジン：VRVD（Virtual Remote Video Driver）5.0を搭載。
・AES暗号によるセキュリティ通信で安全性を確保。
・管理者ツールで設定変更、ユーザー管理が一括でできる。

セールスポイント
- 3G回線レベルのスピードでも実用的な操作感
- AESによる高レベルの暗号化通信を採用
- 海外でもホテルのWiFiなどインターネット環境があれば使用可能（ローミングサービス等が不要）
- VPN専用回線不要
- 利用者メリットはそのままで、仮想デスクトップ＋シンクライアントと比較して圧倒的低コストで導入、利用が可能

メリット
- 外出先からいつでも自分のパソコンが遠隔操作できるので、ビジネスチャンスを逃しません
- 外出・出張の多い方は、会社に戻ることなく業務ができ、時間の有効活用が可能です

お奨めしたいユーザー
- 外出・出張が多い方（部署）
- スマートデバイスの活用をお考えの方
- 在宅勤務体制を検討されている企業、各種団体様

■ Company Profile

株式会社エアーは、「いつの時代も、"いま、最も必要なソフトウェア"を提供する」ことをモットーに、リモートデスクトップサービス「AnyClutch Remote」、メール誤送信対策製品「WISE Alert」ほか印刷セキュリティ、クラウド暗号化など幅広い分野のソリューションを提供しています。

株式会社エアー
本社所在地：〒565-0851 大阪府吹田市千里山西5-31-20
TEL：03-3587-9221　FAX：03-3587-9238
http://www.air.co.jp
製品に関する問合せ先（お見積りなど）
担当部署：プロダクト・カンパニー　担当者：第1営業部
TEL：03-3587-9221
E-mail：kikaku-desk3@air.co.jp

AIR COMPANY LIMITED

IPクラウドフォン

海外支社間の通話コスト削減にIPクラウドフォン！
ビジネスフォンの新しい形です。

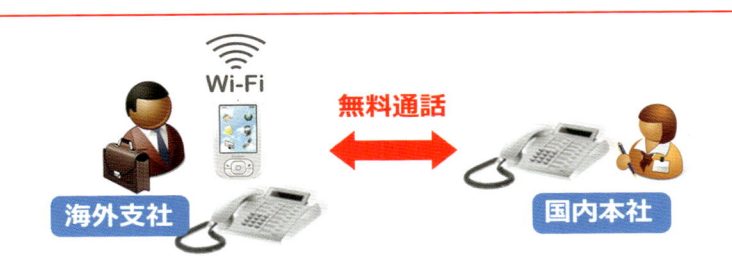

クラウド型PBXなので支店ごとにPBXの設置が不要！
スマートフォンがビジネスフォンとして利用できるので、導入が簡単です。

システム開発会社では社内連絡の国際電話が多かったので、国際通話料を削減するために利用しています。

導入費用は10万円～、ランニングコストも1内線700円と低価格なので、会社の移転時の導入も増えています。

クラウド型IP－PBXのため、支店ごとにPBXを設置する必要がありません。
特に海外支社の場合は、今までのように各国毎の仕様に合ったPBXを設定・設置する必要がないため、設置負担がかなり低減できます。設定はWebから簡単に行えるので、移転やレイアウト変更にもスムーズに対応できます。

セールスポイント
通常のIP-PBXを購入するよりも安価で導入が可能です。
クラウド型IP-PBXなので、ネットにつながれば使えます。

メリット
・導入が簡単、海外支社との連絡には最適です。
・国内のビジネスフォンとしてもPBXの買い替えや設定変更依頼が不要なので、成長企業にも最適です。

お奨めしたいユーザー
海外支社との電話連絡の多い企業。
社員が増えて都度PBXを買い換えている成長企業。

Company Profile

Webシステム開発としながら、クラウドシステムを利用したテレワークで仕事ができる環境を整えています。

株式会社エックスグラビティ

本社所在地：〒110-0016 東京都台東区台東1-36-4
　　　　　　第2ファスナービル4F
TEL：050-5533-7303　FAX：050-3737-6957
http://www.xgravity.co.jp
製品に関する問合せ先（お見積りなど）
担当部署：営業部　担当者：金子
TEL：050-5533-7303　E-mail：info@xgravity.co.jp

[クラウドサービス100選] クラウド技術　117

テルネ

あなたの声を"電話で録音→Webで再生"するクラウド型音声コミュニケーションサービス

テルネは電話で簡単に音声の録音と再生ができる機能を、ソーシャルメディアやスマホサイト等に付加する、これまでにないサービスです。Web APIによる操作で、Webシステムから簡単に制御することができます。

電話での音声の録音と再生、パソコンやスマートフォンによる音声データのアップロードとダウンロードを自在に組み合わせることができるので、テルネで新しいWebサービスを生み出せます。

テルネの利用料金は契約回線数によって異なります。
契約回線数とは、お申し込みいただいた一つのアカウントで同時に使用することが可能な最大の電話回線数です。

初期費用／契約回線数×20,000円（税別）
月額費用／契約回線数×20,000円（税別）

テルネの主な機能は下記のとおりです。

・電話での音声録音
テルネセンターの専用電話番号に電話して、留守番電話に音声を吹き込むような感覚で録音を行えます。録音のためにパソコンにマイクを接続したり、専用のソフトをインストールしたりする必要はありません。

・電話での音声再生
録音と同じく、電話で音声を再生することができます。電話であれば対応機種や録音時間を気にする必要がないので、ガラケーや固定電話からでも簡単確実に再生してもらうことができます。

・音声ファイルの登録
あらかじめ録音しておいた音声を登録することができます。
登録した音声は、電話で録音した音声と同じように電話やパソコンから再生することができます。

・パソコンやスマートフォンでの音声再生
録音された音声はMP3形式で取得することができます。
このファイルをFlashやHTML5のMP3プレイヤに与えることで、Web上から簡単に音声を再生することができます。

セールスポイント
1. マイクや専用のソフトは不要！
電話するだけで録音が可能です。
2. 簡単で豊富なWeb API！
システムの詳細な制御が可能です。
3. パソコンやスマートフォンと連携！
録音した音声をWeb上から直接再生することが可能です。

メリット
外出先などの録音環境を保証できない所からでも確実に音声を録音することができ、そうして録音された音声がWeb上ですぐに再生できるという特性を活かし、新しいサービスを生み出すことができます。

お奨めしたいユーザー
録音音声によるコミュニケーションが効果を発揮するネット婚活サービスや、在宅医療における診療録の現地録音システムなど、これまでに様々な業種で実績があり、使い方次第でいろいろな業種で今までになかったサービスを行えるようになります。

Company Profile

ピーシーエッグ株式会社

サーバホスティングやメール配信などの一般的なシステムから、めくれる広告やスマートフォン向けインパクト広告などの一風変わったシステムまで、様々なクラウドサービスを"神話の国"島根から提供しています。

本社所在地：〒690-0816 島根県松江市北陵町52-2
TEL：0852-60-5187　　FAX：0852-60-5189
http://www.pc-egg.com
製品に関する問合せ先（お見積りなど）
担当者：二之宮
TEL：0852-60-5187
E-mail：gm@pc-egg.com

GCgate/Web会議システム

- たった3分で使える
- 海外を含めた会議実績多数
- 低価格から始められる価格プラン

Personal
（個人事業主様向け）
初期費用1万円／月額費用 7,000円
Business Lite
（フル機能、月10時間利用可能）
初期費用2万円／月額費用 7,000円〜
Business Regular
（フル機能、利用時間無制限）
初期費用3万円／月額費用 14,000円〜
※無料トライアルは随時受付中

主な機能
- 資料共有
- ホワイトボード
- デスクトップ共有
- ゲスト招待機能
- 日英中の3言語対応
- マルチデバイス／マルチメディアウェブコミュニケーション…
（PC・iOS・Android／映像、音声、チャット）

カスタマイズ・OEM・オンプレミス利用もご対応可能です。お気軽にご相談ください。詳しい製品情報はホームページをご覧ください。

インターネットにつながるパソコンやスマートフォン、タブレット端末さえあれば、どこでも、だれでも、いつでも手軽に音声・映像・資料共有によるWeb会議が行えるクラウドサービスです。
GCgateを利用することで、電車、車、飛行機を使って1つの場所に集まり行っていた会議や打ち合わせ、商談、研修などの交通費や出張経費、移動時間が全てゼロになります。また、普段電話やメールのみで済ませている拠点間や取引先とのやりとりを、顔を見ながら、または資料を共有しながら行うことで業務効率もアップします。さらに、客先で受けた質問に回答できず今までは社内に持ちかえるしかなかった課題を、客先でGCgateを社内と繋ぎ有識者に回答をしてもらうことで、お客様の満足度も上がり商談スパンを縮めることができます。GCgateは様々なビジネスシーンで活用することで、多くの効果を引き出すことができます。

セールスポイント

利用用途や頻度に合った価格プランをご用意しているのでスモールスタートも可能です。また、直観的につかえるインターフェースなので初心者でも簡単にご利用いただけます。さらに、インターネット回線が遅い環境でも映像・音声・資料共有機能をつかったストレスないWeb会議が可能です。国内だけでなく、東南アジアをはじめとした海外での利用実績も多数あります。

メリット

交通費・出張経費・移動時間の削減、遠隔地とのコミュニケーション円滑化、業務効率化、顧客満足度向上

お奨めしたいユーザー

移動に要する時間を「もったいない」と感じる方、顧客・クライアントの移動時間をなくす「サービス向上」に魅力を感じる方、人員招集に頭を抱えている方は是非一度お試しください。
＜例＞
- 国内外に拠点がある
- 営業範囲拡販を考えている
- フィールドサポート業
- 対面販売業（不動産、薬局等）
- 移動が困難な方をサポートしたい　など

■ Company Profile

株式会社ゼネテックは、30年にわたる組み込みソフトウェア・ハードウェアの開発実績と、3次元CAD/CAMソフトウェア「Mastercam」の販売・サポートの提供実績があります。さらにM2Mクラウドプラットフォーム「Surve-i」の提供などクラウドビジネスへも展開しています。
ゼネテックは、卓越したIT技術力でお客様の課題解決のお役に立ちます。

株式会社ゼネテック

本社所在地：〒160-0022　東京都新宿区新宿2-19-1　ビッグス新宿ビル5F
TEL：03-6683-3235
http://www.genetec.co.jp/
製品に関する問合せ先（お見積りなど）
担当部署：ITソリューション本部　ソリューション営業部
担当者：栗沢 明莉
TEL：03-6683-3235　E-mail：gc-info@gcgate.jp

bodais

―勘から科学へ―
ビッグデータ解析の最新技術で、
ビジネスのPDCAサイクルを促進

bodais

【使いやすい】 専門的な統計解析の処理を自動化。データ解析の経験が無くても、CSVファイルをアップロードするだけで簡単にお使い頂けます。必要な時に必要な分だけ使える、従量課金制。月額8,000円よりご提供

【分かりやすい】 解析結果は、各種グラフや予測スコアで分かりやすく表示され、すぐに施策にご活用頂けます。すべての解析結果がエクセルのレポート形式で出力され、報告書にそのままお使い頂けます

【活用しやすい】 SFAやCRMなど、現在ご利用の業務システムと連携し、解析結果をアクションと運用にご活用頂けます。例)受注確率の高い顧客や推奨活動を、現在お使いのシステム上からリアルタイムで解析できます

【データをきれいに】
解析を始める前には、データの整理と標準化が必要です。bodaisは世界初のオートクレンジング対応で、解析にかかる工数が大幅に削減できます。

【効果が高い】
bodaisは、スコアリングやクラスタリングなどのエンジンを搭載した、解析プラットフォームです。顧客分類やアンケート解析、営業や施策の優先順位づけ(予測確率を求める)などが簡単に行えます。
・DM送付前に、1人1人の反応確率をbodaisで解析、スコアリストを活用した結果、売上が1.3倍以上

セールスポイント

【Excelの次はbodais】
データ集計・解析が、どなたにでも簡単に始められます。
一般の解析ツールは、統計の専門知識をもつデータサイエンティスト向けに作られており、高価で使い方も難しいため導入企業も限られていました。bodaisは、これまでのプロジェクトの経験で得た知見が反映されており、解析作業の大部分を占めるデータクレンジングも自動で行えるため、解析から結果の活用までスピーディーに行えます

メリット

高価な解析ツールを購入しなくても、必要な分だけ使えるSaaS型。解析の専門知識がなくても、CSVファイルをアップロードするだけで、施策に活用しやすい各種グラフや予測スコアがレポート出力できます。現場で簡単に、データ活用による売上アップ・コストダウン・リスク把握が実現できます

お奨めしたいユーザー

EC/小売等の流通業、サービス業、通信会社、販促支援を行う企業、製造業、地方自治体など。データ活用ニーズに幅広くお応えしております。販促等の各種キャンペーン、マーケティング、営業活動の効率化での活用も実績多数

■ Company Profile

「人類の知恵を世界中の人に」を基本理念に、ビッグデータ解析を誰でも簡単に利用できる環境を提供しています。理学博士達により設立され、15年間データマイニング専業で取り組んできました。
今までの解析プロジェクト経験で培ったデータ処理のノウハウを結集し、2011年「bodais」をリリース

株式会社アイズファクトリー

本社所在地:〒101-0054 東京都千代田区神田錦町1-23 宗保第2ビル
TEL:03-5259-9004 FAX:03-3233-1585
http://bodais.jp/
製品に関する問合せ先(お見積りなど)
担当部署:営業部
TEL:03-5259-9004
E-mail:information@isfactory.co.jp

使えるクラウド (IaaS/クラウド型サーバー)

次世代オートスケール機能を実装。
従量課金だから安心してご利用可能です。

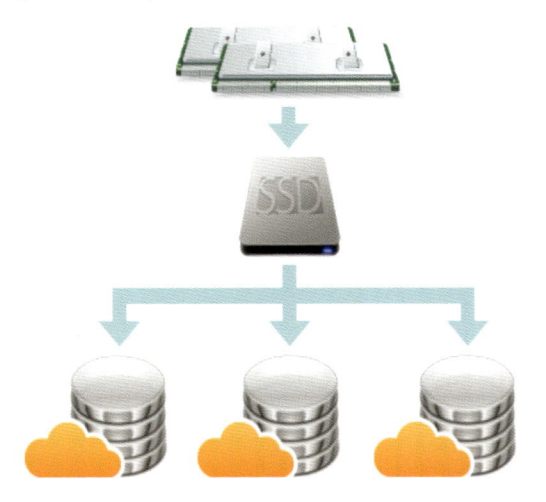

特徴1/拡張性：メモリ、CPUやHDDのサーバー構成要件を、必要に応じてスケールアップ・ダウンが可能です。HDDは最大5TBまで増幅可能なので、急激な負荷の増減にも柔軟に対応可能です。ロードバランサも無料提供しており、台数を突発的に増やすスケールアウトも可能です。

特徴2/機能：LAMPスタックでKVM等の業界競合製品との比較でも、その性能優位は250%、350%という数値が証明しています。処理速度等の性能部分に直結するので、ハイパフォーマンスなインフラ環境を低コストで実現することが可能です。

特徴3/サポート体制：使えるクラウドご利用のお客様は、脆弱性/DDos対策などのセキュリティー対策を充実のオプションパッケージサービスとして利用可能です。問題発生時にも迅速に且つ的確にサポートするので安心と信頼のサービス利用が可能です。

使えるねっと社では他社に先駆け創業以来15年、自社データセンターを活用して、クラウドサービスを提供しています。サーバー運用プロの我々にお任せ頂くことで、安心/安全のご利用が可能になります。SaaS（Software as a Service）レイヤーでは大事なデータをクラウド上でセキュアに保管するクラウドバックアップサービスや、重要データをクラウドで共有するクラウド型ストレージサービスのファイル箱を提供しています。
IaaS（Infrastructure as a Service）レイヤーでは次世代オートスケール機能を実装している使えるクラウドを提供しています。1台の開発サーバーとしてご利用頂くケースから、複数台の構成で大規模サイトの運用やアプリ開発にまで、そのご利用用途は多岐にわたります。
お客様のご希望に応じて、プライベートクラウドの環境構築やミドルウエアの管理をおこなうサービスもご利用可能です。24時間365日体制の監視サービスも提供していますので、お客様は安心/安全な状態で本業に専念頂くことが可能です。

使えるクラウドの特徴
- ※24時間365日頼れるサポート
- ※帯域は標準1Gbps
- ※次世代オートスケール機能を実装
- ※月間2TB【下り】まで転送量無料
- ※ミドルウエアの管理もオプションサービスで提供
- ※ロードバランサ/ファイアウォール利用も無料
- ※2時間無償コンサルサービスを提供
- ※分かり易い管理画面
- ※たった20秒でサーバー作成が可能
- ※2週間無料トライアルを提供

導入実績
- ※大手の携帯端末向けアプリ開発/ゲーム開発会社様
- ※官公庁様や大学様
- ※ホームページ制作会社様やシステム会社様、等多数

Company Profile

創業：1999年
従業員：25人
事業内容：レンタルサーバー事業
本社：長野県長野市　支社：東京都中央区
その他：長野県ソフトウエア協議会会員
　　　　CBA〈クラウドビジネスアライアンス〉会員
　　　　ISO27001取得

使えるねっと株式会社

本社所在地：〒380-0836　長野県長野市南県町1082
　　　　　　KOYO南県町ビル3F
TEL：03-4590-8198
http://www.tsukaeru.net
製品に関する問合せ先（お見積りなど）
E-mail：sales@tsukaeru.net

TSUKAERU.NET
cloud for everybody

Qic Qumo（キューアイシー キューモ）

九州・福岡発の安心・安全・親切なクラウドサービスです。

サービス概要
Qic Qumoはサーバやストレージ、ネットワークなどのインフラ基盤を提供するクラウドサービス（IaaS：Infrastructure as a Service）です。

安心！ Qicは10年以上にわたり、データセンター事業とその運営を行い、安定した運用実績がございます。
安全！ 万全の環境を誇る弊社のデータセンター内にQic Qumoの環境を構築しております。
親切！ 初めての方でも専門スタッフが丁寧にサポート致します。

Qic Qumoは、Qicが提供するクラウドサービス（IaaS：Infrastructure as a Service）のことで、お客さまはインターネット経由で、「必要な時に、必要な分だけ」サーバ、ストレージなどをご利用いただけます。
お客さまのご希望に対応できるよう、さまざまなサービスメニューをご用意しております。

Qic Qumoは、データセンター型クラウドサービスの強みを活かし、信頼と実績の弊社データセンター内にサーバなどのインフラ基盤を設置することで、安心してご利用いただける安全な環境を提供致します。お客さまとより身近な関係を構築できるように、専門スタッフが丁寧にサポート致します。

安心・安全にご利用できます！！
強固なファシリティ、厳重なセキュリティを備えた弊社データセンター内にクラウドサービス用のインフラ基盤を設置しているため、地震、台風などの自然災害や停電などさまざまなリスクからお客さまの情報資産を高い信頼性で守ります。
また、仮想サーバは冗長化された環境で動作しており、安心してご利用いただけます。

お客さまニーズに対応します！！
Webシステム、ファイルサーバ及び社内業務システムなどさまざまなニーズに合わせてご利用いただけます。
また、弊社のハウジングサービスとQic Qumoの連係により、最適なシステム環境をご提供できます。

万全な体制による強力サポート！！
弊社データセンター内の統合監視センターに24時間365日技術者が常駐しており、緊急時にも迅速に対応できる体制を整えております。
お問い合わせなどについても、弊社専門スタッフが親切・丁寧にサポートさせていただきます。

セールスポイント
手軽に利用、必要に応じ変更！！
利用時は必要とするスペックや機能のみを選択していただき、必要に応じてメニューを変更することが可能ですので、手軽にご利用いただけます。ご利用前に試行でご利用いただくことも可能です。

サービス品質保証（SLA）の導入！！
仮想サーバの月間稼働率が99.95%を下回った場合には、稼働率に応じて料金を返還致します。

メリット
経費削減に大きく貢献！！
クラウドサービスの利用は、自社でサーバなどの設備を保有する必要がないため、自社設置スペースの確保や設備投資、ランニングコスト（メンテナンスなど）が不要となり、経費を削減できます。
大容量データのバックアップ保存サービスを安価にご利用いただけます。

お奨めしたいユーザー
ネットショッピングやホームページ等のWebサイト基盤、業務システムやファイルサーバ等の社内システム基盤、エンドユーザ向けSaaS基盤として利用したいユーザにお奨め致します。
大容量データのバックアップ保存を要する医療関係ユーザにもお奨め致します。
弊社のハウジングサービス（お客さまサーバ）とQic Qumo（仮想サーバ）の組み合わせによるハイブリッド環境のご利用を特にお奨め致します。

Qic Qumo

Q：貴社の特徴をお教えください。
A：弊社は九州電力100％出資の子会社として平成12年9月に設立。現在は、データセンター事業とITコンサルティング事業の二本柱を事業の核としており、お客さまにご満足いただける高品質なITサービスをワンストップで提供していることが大きな特徴です。

Q：Qic Qumoの主な特徴は何ですか。
A：仮想サーバが稼働する環境は冗長化されており、安心してご利用いただけます。また、Qic Qumoの環境は、災害リスクの低い弊社データセンター内（福岡市）に構築しており、災害・セキュリティ・運用面で"安心・安全"を提供しております。

Q：初めての方は不安に思われるかもしれませんが。
A：全く心配ございません。弊社専門スタッフが親切・丁寧にサポート致しますので、初めてご利用されるお客さまでも心配なくご利用いただけます。また、試行利用ができますので、ご確認いただいてから導入できます。なお、サービス品質保証（SLA）を導入していますので、万が一、弊社が保証する品質を下回った場合には、料金を返還させていただきます。

サービスメニュー

項目		サービス名	CPU	メモリ	OS種別	ディスク
サーバ	基本	ロースペック	1vCPU	2GB	Linux版	15GB
					Windows版	50GB
		ミドルスペック	2vCPU	4GB	Linux版	15GB
					Windows版	50GB
		ハイスペック	4vCPU	8GB	Linux版	15GB
					Windows版	50GB
	オプション	追加ディスク	10GB単位 ※追加の上限は500GB			
		その他	Windowsライセンス（Windowsは当社所有のものを利用する形態となります）			
			バックアップ（スナップショット）			
ネットワーク	基本		インターネット回線（100M共用）、ファイアウォール機能、ロードバランサ機能、VPN機能、DNS初期設定			
	オプション		グローバルIP、追加プライベートネットワーク、DNS設定変更			
監視	基本		Ping監視			
	オプション		インターネットサービス応答監視			

Case Example

サービス利用例

ネットショッピングやホームページ等の **Webサイト基盤**として。
【インターネット経由、仮想サーバへ接続する構成例】

業務システムやファイルサーバ等の **社内システム基盤**として。
【専用線で引き込み、ハウジングと仮想サーバ間は構内接続する構成例】

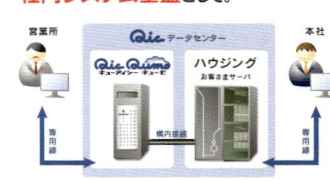

主な販売先は、大手SIerや九州地場の中小SIer等。
主なエンドユーザは、九州地場の製造業・建設業・サービス業・学校法人・医療法人・社会福祉法人等の企業・団体。

Company Profile

キューデンインフォコム（略称Qic）は、平成12年9月、当時情報通信分野において急速に普及拡大していたインターネットを中心とするIT分野の進展を背景に、九州電力グループが持つリソースを最大限に活用し、「データセンター事業」「ITコンサルティング事業」を柱に、お客さまの多様なニーズに対応した最適なソリューションをワンストップでご提供できるIT会社として設立。

株式会社キューデンインフォコム

本社所在地：〒810-0004 福岡県福岡市中央区渡辺通二丁目1番82号
電気ビル北館11階
TEL：092-771-8510　FAX：092-771-8515
http://www.qic.co.jp
製品に関する問合せ先（お見積りなど）
担当部署：iDCソリューション営業部
担当者：手縄、坂本
TEL：092-771-8519　E-mail：qic-info@qidc.ne.jp

専用サーバーFLEX

クラウド環境構築に適したパッケージプランや、高性能・低価格な物理サーバーを提供

自社データセンターを活かし、レンタルサーバーでは珍しい「お客様ルーターのお預かり」と「キャリア回線の引き込み」が可能です。
当社提供回線＋キャリア回線の冗長構成も対応致します。

月額1万円以下のミドルレンジ（4コア/16GB）や8コア×2CPUのハイエンドなど6筐体のサーバーは、ご指定のOSをインストールした上で提供致します。メモリやストレージのカスタマイズも可能です。

24時間365日自社エンジニアが常駐し、機器の巡回監視やハードウェア保守対応、お客様作業の代行など対応致します。
各機器の運用管理を代行するフルマネージメントサービスも提供致します。

高性能な物理サーバー＋各オプション機器＋キャリア回線／当社提供回線による、複数台構成・自由なネットワーク構成の構築が可能な、レンタルサーバーサービスです。

・外部キャリア回線の引き込み利用可能
・当社提供の回線は1Gbps回線の提供可能
・提供機器の保守対応はすべて弊社が24時間対応

・1コア〜合計16コア搭載、6筐体のサーバープラン
・メモリ/HDD/SSDの増設や換装のカスタマイズ対応可能
・複数のラックをまたがる台数無制限のLAN環境構築可能
・各サーバーは弊社にてご指定のOSをインストール後に引き渡し
・ファイアーウォール/UTM等の機器も弊社にて初期設定実施
・24時間365日常駐の自社エンジニアが、時間帯を問わずお客様ご指定の作業を代行実施
・プライベートクラウドの構築に適したパッケージプランや各種データバックアップサービスの提供
・ご要望に応じたIPアドレス空間を提供（IPv4:/29〜/24　IPv6:/48）

セールスポイント
15年以上のホスティングサービス運用実績を土台に、自社データセンターを活かし、柔軟かつ高品質のサービスを提供致します。
クラウド環境構築に適したパッケージプランもご用意。お客様のご要望に応じて、物理複数台環境や仮想環境基盤を提案/構築致します。

メリット
当社DCを「第3の拠点」としてご利用いただける「VPN網」を同一キャリア回線で構築可能です。
在庫を持ち合わせているサーバー/機器は、標準3営業日程度で、OSをインストールした上で提供致しますので、迅速なシステム環境の立ち上げも可能です。
機器の保守対応も24時間当社エンジニアが対応致します。

お奨めしたいユーザー
社内システムのリプレース、および外出しをご検討の方。
ホスティング/IaaS事業者。
ゲーム/Webコンテンツ運営者。
SIer様やWeb制作事業者様向けに、お客様をご紹介いただいた際にインセンティブをお支払いする取次店制度がございます。

弊社は、災害に強い京都郊外に自社データセンターを持つホスティング事業会社です。クラウド環境構築であれば、弊社お奨めの専用サーバーFLEXを是非ご活用ください。専用サーバーFLEXには、以下のような3つの大きな特徴がございます。

①「お客様ルーターのお預かり」と「キャリア回線の引き込み」ができます。

これはレンタルサーバーではあまり行われていないサービスです。データセンターを自社で保有している弊社だからこそご提供できるサービスです。

②豊富なオプションメニューを取り揃えております。

ファイアーウォールのようなセキュリティ強化、各機器の運用管理を代行するフルマネージメントサービス等の保守、台数無制限のLAN環境の設定、メモリやストレージ等増設・換装、お客様のニーズに合わせて自由にカスタマイズしていただけます。弊社の営業やエンジニアとご相談ください。

③自社要員のみで24時間365日サポートセンターを運用しております。

休むことなく、機器の巡回監視を行っており、ハードウェアの保守対応も迅速に行っております。このような日々の地道な努力によって、弊社はお客様に安心を提供致しております。

Case Example

株式会社アイル様が自社開発されている、BtoB向けWeb受発注システム「アラジンEC」のインフラとして、エンドユーザー様にご提供いただいております。

株式会社アイル
その他、
・関東圏の企業のバックアップシステム用インフラ
・一般企業の基幹系/業務系システム、グループウェア用インフラ
・地方金融機関のサイトインフラ
・各種ECサイトインフラ　など

■ Company Profile

15年以上のホスティング事業運営実績を持つ弊社は、自社データセンターと常駐する自社エンジニアの強みを活かし、高品質で柔軟なサービスを提供致します。自社要員のみで運用するサポートセンターも高い評価をいただいております。

カゴヤ・ジャパン株式会社

本社所在地：〒604-8166　京都府京都市中京区三条通烏丸西入御倉町85-1　烏丸ビル8F
TEL：075-252-9355　　FAX：075-252-9356
http://www.kagoya.jp/
製品に関する問合せ先（お見積りなど）
担当部署：セールスチーム　担当者：猪俣
TEL：0120-446-440　E-mail：houjin@kagoya.com

スパコンテナ

地球シミュレータと同等性能の
スーパーコンピュータを1/100スケールで提供

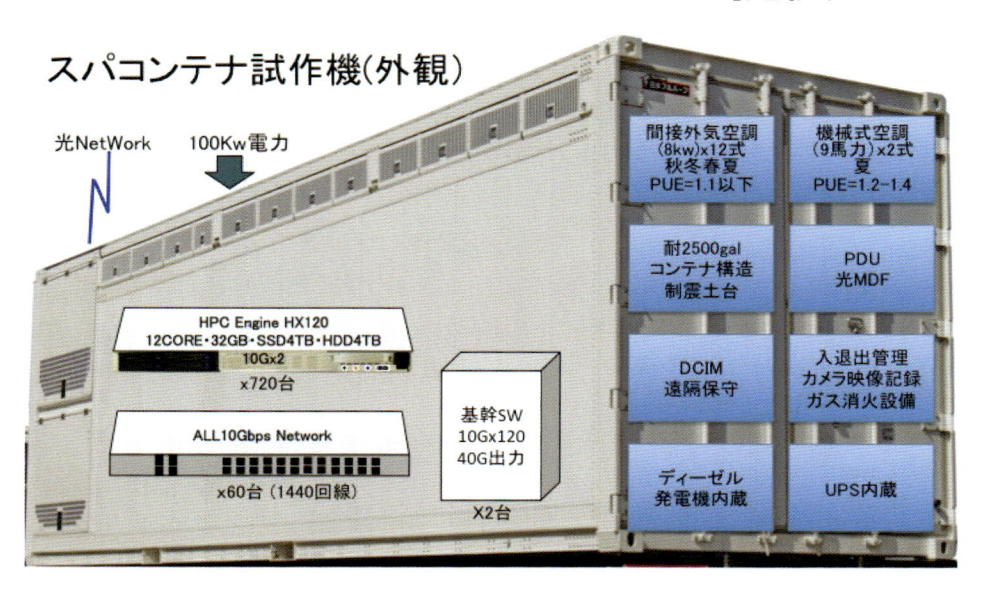

スパコンテナ試作機（外観）

- 光NetWork
- 100Kw電力
- HPC Engine HX120　12CORE・32GB・SSD4TB・HDD4TB　10Gx2　x720台
- ALL10Gbps Network　x60台（1440回線）
- 基幹SW　10Gx120　40G出力　X2台
- 間接外気空調（8kw）x12式　秋冬春夏　PUE=1.1以下
- 機械式空調（9馬力）x2式　夏　PUE=1.2～1.4
- 耐2500gal コンテナ構造 制震土台
- PDU 光MDF
- DCIM 遠隔保守
- 入退出管理 カメラ映像記録 ガス消火設備
- ディーゼル発電機内蔵
- UPS内蔵

スパコンテナの諸元は下記の通り

1. **適応分野**　科学技術計算、ビッグデータ処理、画像処理
2. **演算装置**　専用開発機（12CORE32GBメモリ）×720台
3. **演算性能**　150TFLOPS相当、20万IOPS×720多重
4. **ネットワーク**　全10Gbps×2系統
5. **データ処理容量**　約2.8PB、バックアップ容量 約2.8PB
6. **形状**　長さ：約12m、幅：約2.5m 高さ：約3m
7. **冷却装置**　間接外気空調機×12、機械式空調機×2
8. **消費電力**　最大約100kw、PUE1.1～1.4
9. **供給電気**　3相3線AC200V or 3相4線AC400V
10. **停電対策**　UPS内蔵、ディーゼル発電機内蔵

スーパーコンピュータ（以下スパコンと称す）の量産品は皆無で基本一品一様です。設置する建物、部屋、環境も専用構造を必要です。従来は自由に使用出来る製品ではありません。本商品はスパコン本体と稼働する環境をコンテナにワンパッケージ化して提供致します。

スパコンは高性能パソコンの1万倍強の性能がございます。WordやExcelの性能では無く、科学技術分野の計算速度です。本商品は科学技術分野のみならず、最近話題のビッグデータや画像処理にも使用出来る万能型のスパコンです。

セールスポイント

現状のスパコンは国家レベルでの使用が中心で、全世界でも千台程度の稼働数です。スパコンを各企業や組織でも自由にかつ簡単に利用出来るのが本商品です。技術の進歩を最大限活かし、10年前世界一の性能だった地球シミュレータと同等性能を、価格、電力、面積、維持費を各1/100スケールで実現し提供致します。既設スパコンは対象分野毎に製品が異なるが本製品は360度幅広い分野での使用が可能です。

メリット

従来企業が扱えるコンピュータ規模は数十程度の並列演算に止まっています。技術の進歩でこの規模でも十分な性能がありますが、本格的な演算量や演算速度はできません。一方、本物のスパコンを使用する時はモデルを作成し自社でシミュレーションを行い、そのモデルを本番データと共にスパコンセンタ迄持参し、年間の決められたスケジュールの中で運用しますので、自由な処理はできません。本製品の導入で24H365日、自由な運用と、各種分野での幅広いスパコン利用が初めて可能となります。

お奨めしたいユーザー

・本格的スーパーコンピュータを使用したいが、単独導入は価格や設備条件から見て導入を諦めていたお客様
・本当のビッグデータを取扱うお客様
・膨大なセンサー出力（IOT）から特定の事象を検出したいお客様
・高度な映像処理（4K/8K、3D-CG、VR、画像検出等）を行うお客様

弊社は「綺麗な地球を未来へ」を理念として掲げ、2006年に起業致しました企画開発を中心とするベンチャー企業です。弊社の最も得意とする事は"グランドデザイン"を作成する事です。日本は個別の技術は世界的に優れた物が多いのですが、グランドデザインに乏しく全体で見ると米国の後塵を拝しています。スパコンテナは弊社が自信をもってお奨めする商品です。

スーパーコンピュータと言えば、「高い！」というイメージがありませんか。日本のトップ企業でもスーパーコンピュータを持っているところは皆無といってもいいぐらいです。確かに高価なものですが、企業はじめ官公庁や研究所でも潜在的ニーズは高いものがあります。さらに、スーパーコンピュータは初期費用だけではなく、小型発電所程度の電力や高額なメンテナンス費用等が必要となります。弊社では、高性能パソコンの1000倍近くの性能をもったスパコンをパッケージ化することに成功しました。こうすることで、さまざまな高速処理ができるスパコンを100分の1の価格、100分の1の電力、100分の1のメンテナンス費用で提供致します。弊社のスパコンテナをお使いいただき、日本の企業の処理能力が飛躍的に高まることを願っております。

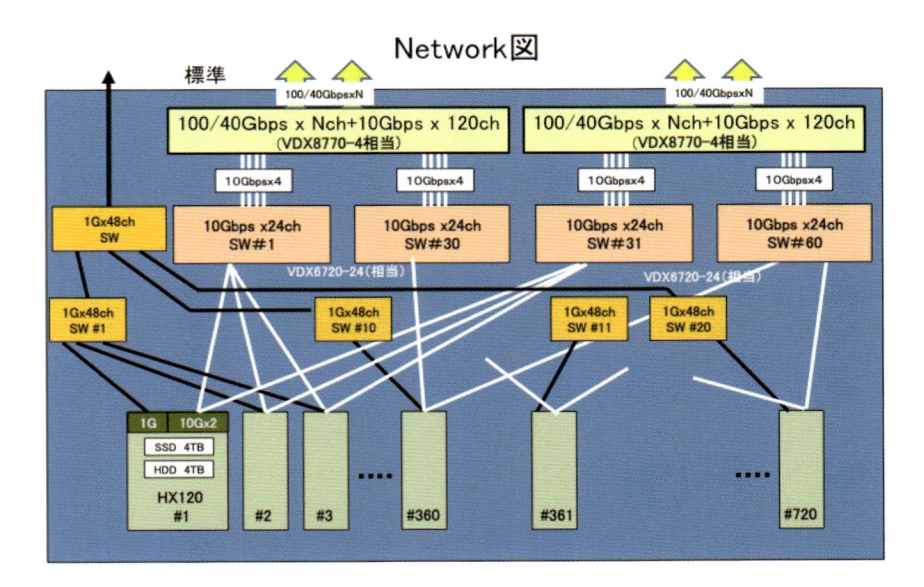

Network図

Case Example

某社様で試験中です。市場展開は2015年度からです。

某社様へのオーダ設計品として初期開発致しました。

■ Company Profile

当社は2006年に起業し「綺麗な地球を未来へ」を理念に掲げ新規事業企画とそれを実現するICT機器及び省エネルギ装置の開発設計に携わっています。近年はクラウドの浸透に伴いデータセンタに焦点を当てた活動を展開しています。

株式会社アイピーコア研究所

本社所在地：〒167-0051　東京都杉並区荻窪5-21-26　9F
TEL：03-6768-8400　FAX：03-6768-8401
http://www.ip-core.jp
製品に関する問合せ先（お見積りなど）
営業部　担当者：品川
TEL：03-6768-8400
E-mail：shinagawa@ip-core.jp

鴻図雲（ホンツーユン）

中国国内の快適な接続性を実現する中国パブリッククラウドコンピューティング

鴻図云 Hongtu Cloud
powered by NIFTY Cloud

安心・信頼のビジネス向け中国パブリッククラウド
日本で豊富な実績を誇る「ニフティクラウド」の技術を採用したクラウドサービスを中国で提供

中国の主要ISPへBGP接続 中国国内の快適な接続性を実現
中国国内の5大ISPにBGP接続することで良好な接続環境のインフラをご用意

ご契約・お支払は日本・中国の両国に対応
日本・中国のいずれでもご契約・サービス提供が可能、お支払も日本円・人民元の両方に対応

鴻図とは、「壮大な計画」、「大きな事業」の意味を持つ中国語です。クラウドは中国語で「雲」。鴻図雲とのサービスブランドには、壮大な計画を実現するクラウドサービス、との意味を込めています。

クラウドサービスの特長の一つに、ビジネスの規模拡大にあわせた柔軟なリソース変更が挙げられます。お客様の中国での事業計画は夢とともに大きく描いていただき、鴻図雲はその計画の実現・成功に向け、成長速度にあったプラットフォームとして、お客様の成功をサポートいたします。必要に応じて各種機能やサービスを用意しておりますので、まずはお客様のご希望・ご用件をお聞かせください。導入支援・運用代行サービスも行っておりますので、クラウドを運用する専任スタッフがいない場合、アプリケーションの運用もまかせたい場合、他のクラウド・データセンタ環境からの移設を検討しているという場合でもご要望に応じてご対応します。

面倒なライセンス登録も代行
中国でWEBサイトを開設する際に必ず必要となるICP登録。ICP登録の手続きは中国国内の法人、または登録されている駐在員事務所などの名義により行う必要があります。当社では現地法人であるクララオンライン中国と連携し、スピーディに申請を進めることができます。各種ライセンスのご相談も承ります。

安心の日本語対応
ご契約時だけではなく技術サポートについても日本語・中国語で対応しています。また、中国進出時には欠かせない中国の規制・申請等への対応方法については当社スタッフにご相談ください。また、中国の言語・文化・商習慣でお困りのご担当者様へのアドバイザリーも行っております。

構築から運用までサポート
当社の物理ホスティングと組み合わせてハイブリッドでのサービス提供や回線引込、加えてサービス構築後の運用など現地スタッフと連携して柔軟にご対応いたします。中国への進出を検討しているけれども、中国のクラウドサービスをどう選択すれば良いかでお悩みの際は、お気軽にご相談ください。

■ Company Profile

クララオンラインは1997年に創業し、東京・名古屋・北京・シンガポール・台北・ソウル・香港を拠点に、クラウドサービスおよび運用、インターネット・モバイル領域のコンサルティングサービスを提供しています。特にクロスボーダー領域に強みをもち、ビジネスとインフラの両面でお客様の事業展開をご支援しています。

株式会社クララオンライン
本社所在地：〒105-0012　東京都港区芝大門二丁目5番5号
　　　　　　住友芝大門ビル10階
TEL：03-6704-0777　　FAX：03-5408-5740
http://www.clara.jp/
製品に関する問合せ先（お見積りなど）
担当部署：グローバルソリューション事業部
TEL：0120-380-966　　E-mail：sales@clara.ad.jp

CLARA ONLINE

DirectCloud（ダイレクトクラウド）

法人での利用に特化された、ユーザー数無制限のオンラインストレージ

日本国内のビジネス向けに企画・開発されているため、ユーザー管理はもちろんアクセス管理、セキュリティ設定、使用状況が一目で分かるコントロールセンターなどのISMSやPマークなどの運用に配慮したビジネス向けの管理機能が揃っています。
ユーザー機能としても自分だけのファイル共有「リモート接続」、「マイボックス」、社内での限られたメンバーのみのファイル共有、社外へセキュアなファイル共有URLを生成するリンク機能、社外との柔軟なコラボレーションが可能な「プロジェクト」などの豊富なビジネス用の機能が揃っています。
さらに、ダイレクトクラウドでは直接PCの中のファイルへセキュアにアクセスすることもできるため、複数台のPCがつながり、あたかも1台のPCで作業をしているような快適さを実現しました。つまり自分のPCを利用して簡単にプライベートクラウドが実現できます。

> ダイレクトクラウドは、お客様のセキュリティポリシーに沿ってセキュアかつ効率的にファイル転送・共有が実現できるオンラインストレージサービスです。

> ユーザー管理、ファイル確認、デバイス管理、ネットワーク管理、利用状況の監視機能など企業におけるオンラインストレージサービス利用に欠かせない管理機能が揃っています。

全プラン、ユーザー数無制限です。
- Free ： 無料、5GB
- Basic ： 10,000円/月、100GB
- Advance ： 25,000円/月、500GB
- Business ： 50,000円/月、1TB
（100GB追加で5,000円/月）

セールスポイント

高いコストパフォーマンス
ユーザー数無制限でご利用いただけますので、社員の増減があったとしても新たな契約が一切必要ありません。また、初期費用もありませんので導入から運用までスムーズにスタートすることができます。

企業向けオンラインストレージとしての強固なセキュリティ対策
データ保存・通信の暗号化、パスワード暗号化、ネットワーク制限など様々なセキュリティ対策があるため、安心してご利用いただけます。

メリット

メールに頼らないファイル共有が可能になります。メールでのファイル添付ではサイズや複数ファイルにパスワードをかけたりする手間が負担となっていましたが、ダイレクトクラウドを利用するとその手間を省くことができます。
また、管理者側で多くの情報を管理・コントロールすることができるため、内部統制にも力を発揮します。

お奨めしたいユーザー

販売会社、医療機関、学校、公共機関など様々な業種で様々な形での活用が可能です。
[ご利用シーンの例]
ある販売会社にて―各支店の営業にスマートデバイスを持たせ、パンフレットなどのファイルをダイレクトクラウド上に保存し、顧客先でプレゼンをしています。
ある中学校にて―ある中学校では全教科クラス単位で授業を受けますが、教師は各教科ごとに異なります。このような場合、教科ごとのファイル共有が可能になります。

■ Company Profile

ジランソフトジャパンはメールセキュリティ製品を中核とし、日本国内のみならず、アジア各国でシェアを拡大してきました。その実績のもと、2014年上半期にクラウドサービスの提供を日本・韓国・アメリカ・シンガポールにて開始しました。日本国内市場でのIPOを目指し、事業規模を拡大していきます。

株式会社Jiransoft Japan
本社所在地：〒160-0022　東京都新宿区新宿6-29-20
　　　　　　MATSUDA BLD. 7F
TEL：03-6825-1918　FAX：03-5155-1916
http://www.jiransoft.jp/
製品に関する問合せ先（お見積りなど）
担当部署：ダイレクトクラウド事業部　担当者：米田
TEL：03-6825-1918　E-mail：sales@directcloud.jp

JIRANSOFT

ファイルフォース

様々なデバイスからファイルを管理&共有できるセキュアなクラウドストレージサービス

日々の業務において作成・利用される企業のあらゆるファイルとその変更履歴を、使い慣れたフォルダ構造で整理し、安心してセキュアに一元管理ができます。常に強固なファイル管理を維持しながら、データの保存、管理、保護につきもののIT面での負担を解消します。
ユーザのアクセスと権限を柔軟かつ強固に制御しながら、安全で効率のよいファイル共有やデータのやり取りを可能にすることで生産性を高めます。
アクセス許可と権限、有効期限、共有設定などすべてを管理コンソールで一元的に管理と制御を行います。ログを記録し、管理コンソール上でリアルタイムでも把握できる詳細な監査証跡を提供します。

部門、チーム、プロジェクト、クライアント、パートナーなど、さまざまな組織単位と組み合わせで、オンラインのワークスペースを共有することができます。

【 対応ブラウザ 】
◆ Windows
・Internet Explorer 9,10
・Google Chrome
・Mozilla Firefox
◆ Mac
・Safari
・Google Chrome
・Mozilla Firefox
※ブラウザは最新バージョンを推奨いたします。

◆ Mobile 端末
・iOS 4.0 以降
・Android 2.2 以降

【 価格 】
月額(ミニマム) 9,500円(税別)
5ID,100GBまで利用可能

【 追加分 】
ID単価／月額 1,500円(税別)
容量単価／月額(GB) 20円(税別)

探す、見つける、を便利に
・サムネイル表示が視覚的に探せて便利
・アップロード時に自動的に情報を解析し検索が便利

渡す、受け取る、を便利に
・大きなファイルも安全・簡単に渡せて便利
・みんなでフォルダを共有できて便利

移動中、外出先、を便利に
・ネットに繋がっていれば、いつでも、どこでも、が便利
・プレビュー機能でファイルの確認がその場ですぐできて便利

セールスポイント
・徹底的に企業向けに特化したサービスになり、高度な権限管理、監査ログ、社内外と共有を行うことができます。
・プレビュー機能が特化しており、様々なデータのプレビューを表示することが可能です。ソフトがなくてもデータの中身を視覚的に確認が行えます。
・検索は、全文検索、メタタグ検索を行うことが可能なので様々な検索ニーズに対応します。

メリット
・セキュアにデータの受け渡しが行えます。
・目的のデータを探し出すことが簡単に行えます。
・標準機能にウィルスチェックがついており、感染している場合は登録を行いませんので安心して、データの管理が行えます。

お奨めしたいユーザー
建設業、製造業、不動産業、医療・福祉サービス業、教育関係、士業など、様々な企業でご利用になれます。

■ Company Profile
・企業向けクラウドストレージサービスの開発・運営
・Saas/ASPサービス事業及びコンサルティング事業

ファイルフォース株式会社

本社所在地：〒162-0825　東京都新宿区神楽坂6-42
　　　　　　神楽坂喜多川ビル4F
TEL：03-3266-6752　FAX：03-3266-6793
http://www.fileforce.jp
製品に関する問合せ先（お見積りなど）
担当部署：営業グループ　担当者：今井 和彦
TEL：03-3266-6752　E-mail：imai@fileforce.jp

Livestyleサービス

日々増加するメールの処理を、素早くさばく！
共同作業で業務効率アップ

[Livestyle マネージド Exchange サービス]
ビジネスシーンに最適化されたメッセージングソリューションです。国内データセンターにて運用、お客様のメールインフラを手厚くサポートします。

[Livestyle マネージド SharePoint サービス]
マネージド SharePoint サービスは、企業内および企業間の情報共有できるクラウドサービスです。
サーバーを構築・運用する多くのリソースを投資せず、簡単に素早く始められます。

それぞれ単独でのご契約も可能です。2つのサービスを組み合わせると、状況共有がスムーズになり、より業務効率がアップします。

「Livestyle マネージド Exchange サービス」は、クライアントソフトOutlookやOutlookと同等レベルにデザインされたインターフェースのブラウザから、どこからでも安全に便利にご利用頂けます。会社のPCのOutlookとの完全同期し、スマートフォンやタブレットとの連携も可能です。メール・予定表・アドレス帳・タスクなど一元管理することができます。万が一、スマートフォンを紛失してしまっても安心です。
「Livestyle マネージド SharePoint サービス」は、共有ファイルストレージ機能により、過去の改訂履歴を確認でき、もし上書きしてしまったファイルでも戻すことができます。リスト機能では、簡易業務データベースとして利用でき、備品管理、案件管理、出張・休暇申請、経費精算など様々な用途で活用できます。SharePointもタブレットやスマートフォンからもデータを扱うことができます。その他にも、専用型でのマネージドExchangeおよびSharePointサービスのご提供も可能です。

セールスポイント

小さな組織から大きな企業まで豊富な実績と技術力でビジネスをサポートします。国内データセンターにてセキュアな環境下で高品質なサービスを提供。
- 10GBメールボックス
- メール、カレンダー、連絡先、タスク機能
- 高性能メールフィルタ
- 共有ファイルストレージ10GB
- 簡易データベース機能
- マルチデバイス対応
- スマートデバイスリモート消去機能

メリット

コストを抑制しつつ効率的なメッセージング環境および情報共有環境をご利用頂けます。いつでもどこでも安心してご利用頂けるサービスです。メールデータおよび共有ファイルは、バックアップが備わった当サービスへ保存することにより、PCが故障しても紛失することはありません。

お奨めしたいユーザー

法律事務所・税理士事務所・デザイン業などの一般サービス業や、外出される営業が多い保険代理店、自動車販売店、食品・衣料小売業など、さまざまな業種で活用ができます。専門の情報システム部門が無いユーザーにもご利用頂けます。また、セキュリティを担保しながら、スムーズな情報共有を目指すユーザーに最適です。

■ Company Profile

TOSYSは、ネットワークインテグレート・システム開発・クラウドサービスおよび通信設備工事などの事業を主体としております。
クラウドサービス事業では、マイクロソフトExchange/SharePoint/Lyncに特化した「Livestyle」という名称にて、2006年から提供しております。

株式会社TOSYS

本社所在地：〒381-0193　長野県長野市若穂綿内字東山1108番地5
TEL：0120-742-500　FAX：026-263-4931
www.live-style.jp
製品に関する問合せ先（お見積りなど）
担当部署：クラウドサービス部
担当者：松橋 寿朗
TEL：0120-742-500　E-mail：sales@team.live-style.jp

iDEA Desktop Cloud
(VMware Horizon™ DaaS®)

いつでも・どこでも・簡単に、デバイスを選ばず
社内システムを利用！クラウド型仮想デスクトップの定番

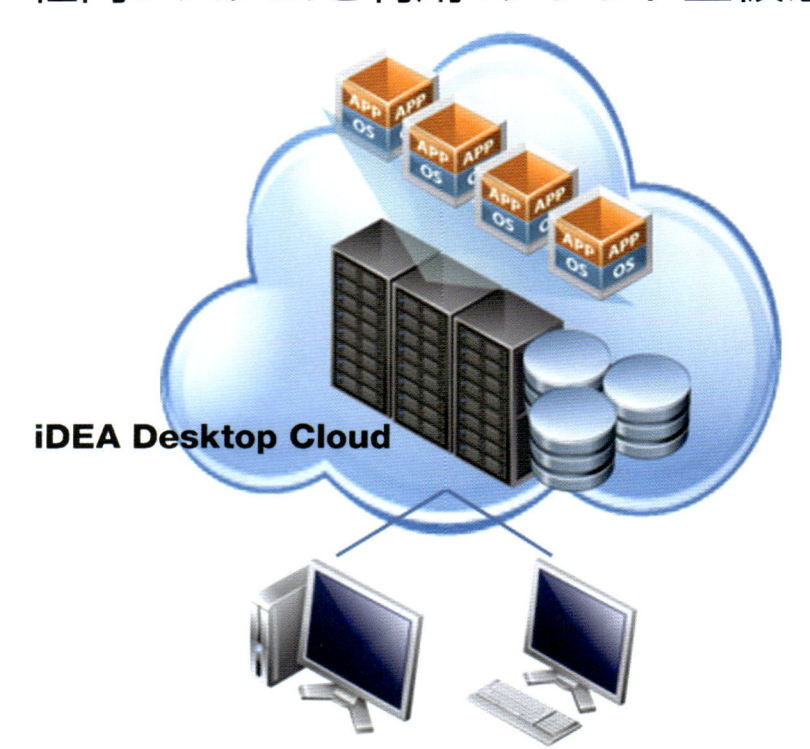

> スペック：Pro（CPU1vCPU, メモリ2GB, HDD30GB）～
> クラウド側OS：Windows7以降、Windows 2008R2以降、Ubuntu Linux
> ※スペック及びOSは用途にあわせてカスタマイズ可能
> オプション：VPN接続、Active Directory構築、管理者教育、多要素認証、他

> 契約数：20デスクトップ～
> 価格：【月額】4,500円/デスクトップ～
> ※契約デスクトップ数、スペックによりデスクトップ月額利用料は異なります。上記はProを100デスクトップご契約いただいた場合の価格となります。
> 【初期】30万円～

iDEA Desktop Cloudは、VMware社のサービスプロバイダー用製品：VMware Horizon™ DaaS®の基盤上で動く、仮想デスクトップ(VD)のクラウドサービス(Desktops as a Service：DaaS®)です。お客様の利用シーンに最適なクラウド型のデスクトップをご提供致します。

今日、多くの企業の情報システム管理部門は、IT投資コストの削減を求められる一方で、多様化するデバイス環境やユーザーニーズへの迅速な対応が求められています。その中でも情報システム管理者が時間を費やしているPCのセットアップや故障対応などの管理やサポートにかかる負荷を大幅に減らすことができます。

iDEA Desktop Cloudではクラウド上のデスクトップを一元管理することにより管理工数削減ができます。セキュリティパッチやバージョンアップしたアプリケーションをマスターイメージへ適用することで、すべてのデスクトップに更新内容が反映されます。クラウド上にある機密データは手元のPCへの保存を禁止できるため、セキュリティ面でも安全に社外にデバイスを持ち出すことができます。

デスクトップの利用者も、社内と同じ使い勝手でクラウド上のデスクトップにアクセスできるため、展開も容易にできます。

メリット

クラウド上のデスクトップに、いつでもどこでもデバイスを選ばず快適なアクセスを実現致します。
短期間で容易に導入でき、運用管理者の作業負荷・システムにかかるコストを削減できます。これまで自社構築型仮想デスクトップでコストメリットが出なかった小規模（20デスクトップ）からの導入も可能で、さまざまな規模の企業様がワークスタイル変革によるメリットを享受できます。
・ユーザーはいつもと同じ社内のデスクトップにさまざまなデバイスから接続できるため、仕事の効率があがります。
デスクトップの情報を持ち出すことなく社内システムにアクセスできるため、PCの紛失・盗難による情報漏えいリスクを低減できます。
・システム管理者はクラウド上のマスターイメージを更新だけですべてのデスクトップに変更を反映できるため、PCのセットアップやサポートにかかる管理コストを大幅に削減できます。

お奨めしたいユーザー

・複数拠点にデバイスを配布している企業様
・PCの管理費用を削減したい企業様
・営業マンや在宅勤務者に会社のシステムを安全に利用させたい企業様
・業務継続、災害対策を検討中の企業様
・テレワーク実施、BYODを検討されている企業様
・小・中規模利用を希望し、VDIの自社構築をしない企業様

iDEA Desktop Cloud

クラウドビジネスを得意とする弊社が自信をもってiDEA Desktop Cloud（VMware Horizon™ DaaS®）をお奨め致します。本商品の特徴は以下の3点にまとめることができます。

①クラウド上のデスクトップを一元管理することにより、PCセットアップや故障対応の負荷を大幅に減らし、管理コストを削減できます。20デスクトップからの導入が可能なので、小規模の企業様でもコスト削減につながります。

②安かろう、悪かろうではなく、コストを下げながらも、同時にデバイスに関係なく、いつでも、どこからでも社内システムを利用できる最適のクラウド型デスクトップを提供致します。ユーザーは社外にいても、社内にいるのと同じ使い勝手でクラウド上のデスクトップにアクセス・更新ができます。その更新内容は瞬時にすべてのデスクトップに反映されます。

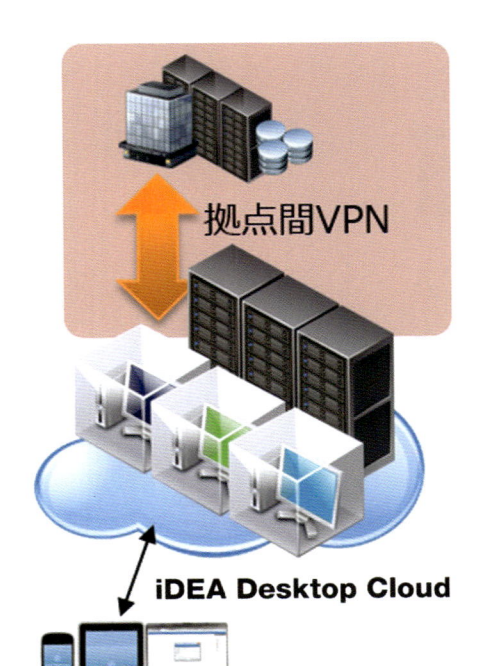

③社外からでも社内システムにアクセスできる利便性を確保しながらも、クラウド上の機密データを各PCに保存できないような設定が可能です。この機能によりセキュリティを高め、社外へのデバイス持ち出しが容易になります。

Case Example

1万人を超える組合員で組織されるANA労働組合ではコンプライアンス上の問題から、ANA本体とのシステム分離実施を決定。組合役員は、組合員との直接対話の機会を増やすためさまざまな場所におもむく必要があり、移動や出先で安全かつ快適に利用でき、IT管理者不在でも低コストかつ短期間で実現できるシステムが必要となりました。そこで、業者を5社に絞り、導入／運用コスト、サービスの柔軟性、導入後のサポートにおいて、迅速かつ的確に対応するパートナーの点で比較した結果、iDEA Desktop Cloudを採用。運用の手間も専門知識も不要であるため業務に専念でき、移動にかかる経費や時間を削減しながらも、効率的で高セキュリティな「移動オフィス」によって、組合役員の機動力向上を実現しました。

ANA労働組合様、株式会社アコーディア・ゴルフ様、タキゲン製造株式会社様、Profit Cube Inc.様、社会医療法人 岡本病院（財団）第二岡本総合病院様、大手製造業様、中堅総合商社様、翻訳会社様、人材派遣会社様、WEB制作会社様、他多数。

Company Profile

「ハイエンド・ソリューション・サービスによる高付加価値の創造」を経営理念として掲げ、どこよりも早くクラウドビジネスに注力し、ERPに「Amazon Web Services（AWS）」および「仮想デスクトップのサービス（DaaS）」を組み合わせることで、導入コスト、運用管理コストの大幅な削減が可能なクラウドERPサービスを実現し、採用いただいたお客様にお喜びいただいております。

イデア・コンサルティング株式会社

本社所在地：〒101-0023 東京都千代田区神田松永町19　秋葉原ビルディング6F
TEL：03-5289-3150　FAX：03-5289-3157
http://www.ideadesktop.jp
製品に関する問合せ先（お見積りなど）
担当部署：ビジネス・ソリューション部デスクトップクラウドサービスグループ
担当者：竹之内 誠
TEL：03-5289-3983
E-mail：idea_desktopcloud_sales@ideacns.co.jp

Scirocco Cloud® (シロッコ・クラウド)

端末購入はもう不要!?
スマホアプリ・サイト検証用モバイルテストプラットフォーム

最新機種を含む150機種以上のAndroid端末を利用可能！検証作業でのスクリーンショットもワンクリックで取得、エビデンス作成も効率的に行えます。

自動テストの活用によって、多機種での検証も効率的に！エンタープライズ版では一度に最大50機種※の自動テストが可能です。（※エンタープライズ［自動テスト予約機能］利用の場合）

［料金プラン］
- スタンダードプラン（マンスリー）：18,000円（税別）
- エンタープライズプラン：詳細はお問合せください。

詳細はこちらから：http://www.scirocco-cloud.com/

"検証時に机に並ぶたくさんのスマートフォンをなんとかしたい。"そんな想いから『Scirocco Cloud』は誕生しました。スマートフォン向けアプリやサイトの検証には、多くの端末を揃えなければならず、机がスマートフォンであふれかえってしまうこともしばしばです。「購入コスト」や「端末管理」も課題になります。

Scirocco Cloudは、PC（ブラウザ）から、最新機種を含む150機種以上ものAndroid端末を利用できます。今まで検証したくても揃えられなかった機種や、複数のOSバージョンで検証することも可能です。また、多機種での膨大なテストを、自動テストの活用によって効率的に実施いただけます。今まで「やりたいけれどできなかった」検証を効率的に実施することで、スマホアプリやサイトの品質向上を実現いただけます。

セールスポイント
- エミュレーターではありません！実機でのUI、動作が検証できます。
- 開発中のアプリも、Google Playに公開中のアプリもインストール可能です。
- Wifi接続されているのでWEBサイトも検証できます。
- 自動テストを活用し、多機種検証や回帰テストの効率化を実現できます。
- セキュリティ面も安心。利用終了時にはインストールしたアプリやサイト閲覧履歴などは削除されます。

メリット
- 手元に膨大な数のAndroid端末を揃えるコストが不要に
- 強力な自動テスト機能による検証業務の効率化
- 多端末でのテストや回帰テストの効率化による品質向上

これらはどれも、スマホアプリやサイトの品質向上にはかかせないものです。みなさまの検証プロセスの効率化を実現します。

お奨めしたいユーザー
- アプリケーションの開発・運用保守に従事されている方
- サービスプロバイダなど定期的なサイトチェックが必要な方
- 品質管理業務に従事されている方
- カスタマーサポート部門の方

など、業種業態問わず、スマホアプリやサイトに携わるみなさまにご活用いただいています。

Company Profile

株式会社ソニックスは、モバイル関連市場において、開発効率と品質を高めるソフトウェアや先進的なサービスを展開するモバイルソリューションカンパニーです。2011年12月、ユニークなビジネスモデルが評価され、世界の革新的なテクノロジーベンチャーに贈られる『2011 Red Herring Global Top 100 Winner』を日本企業で唯一受賞しました。

株式会社ソニックス

本社所在地：〒150-0002 東京都渋谷区渋谷2-12-9 エスティ青山ビル5F
TEL：03-6805-1541　FAX：03-6805-1543
http://www.sonix.asia/
製品に関する問合せ先（お見積りなど）
担当部署：Scirocco Cloud カスタマーサポート
担当者：（上記までお問合せください）
TEL：03-6805-1541　E-mail：customer_support@scirocco-cloud.com

AdsolDP（多機能分散開発プラットフォーム）

拠点が分散するチーム間で運用するプロジェクトを「見える化」により高品質・低コスト運用で実現する

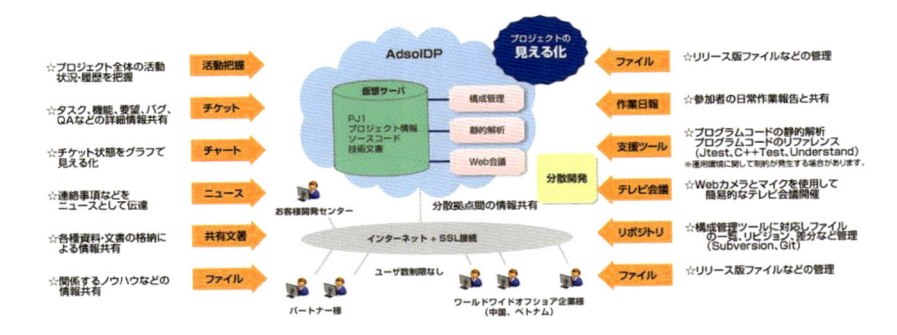

◆ 価格（2015年1月時点）
- サービス提供（保守・サポート込み）：80,000円（月額）
- SSL証明書発行費用：6,480円（年額、申し込み月含み12カ月間の費用）
- 定着化支援・教育コンサルティング：150,000円（1日）

◆ 特徴
- REDMINEをベースに、当社が多くのプロジェクト運用で活用し、独自に機能を追加・カスタマイズ
- クラウドを活用した、遠隔地・複数開発拠点間の情報共有
- プロジェクト管理環境を手早く構築

◆ 主な機能
- チケットによる各種情報管理
- 多言語対応
- Webブラウザを使用したテレビ会議
- ソースやドキュメントの構成管理
- リモート環境でのセキュリティー確保
- 各種支援ツールによる開発支援

AdsolDPは、クラウド上で構築されているため、タスク管理、進捗管理、情報共有等のプロジェクト管理環境をスピーディーに構築でき、オフショア、ニアショア等の遠隔地とも情報共有環境を構築できます。また、SSL通信やクライアント証明書の発行、接続IP制限などの機能があり、セキュアな環境で運用できます。従って、インターネット経由でタブレット端末からもプロジェクト情報や作業状況をリアルタイムで確認できます。
また、「Excelで管理しているデータを更新しようとすると、他のプロジェクトメンバーが操作しているため更新できなかったり、操作を誤り意図せず他のメンバのデータ内容を壊してしまったりする。」などのミスも防ぐことができます。

セールスポイント
REDMINEをベースに、当社が多くのプロジェクト運用で自らが活用し、独自に機能を追加・カスタマイズしているため、痒いところにも手が届き、使いやすい。プロジェクト開始後、軌道に乗るまでの期間においても、早い立ち上がり効果を発揮します。チームのコラボレーションに威力を発揮します。

メリット
利用申し込み後すぐに利用開始が可能。リアルタイムで作業進捗状況が把握できます。分散した遠隔地で管理手法の標準化が図れます。また、社外から進捗状況や問題点、課題点を担当者に確認する場合に、電話ではなく、タブレット端末やノートPCでリアルタイムに確認できます。

お奨めしたいユーザー
全ての業種において、プロジェクト活動を行う場合に有効活用できます。また、営業部門、総務部門、人事部門、経理部門等、システム部門以外においても、日報機能、課題進捗管理業務で有効活用されている事例もあります。

Company Profile

1976年の創業以来、独立系のICT企業として、社会インフラのシステム構築を数多く手掛け、エネルギー・鉄道・航空・道路・通信・金融、等の多領域において、実績と信頼を積重ね、優良な顧客基盤を構築すると共に、特徴あるコア技術とノウハウを蓄積してきた。

アドソル日進株式会社
本社所在地：〒108-0075 東京都港区港南4丁目1番8号　リバージュ品川
TEL：03-5796-3131
http://www.adniss.jp
製品に関する問合せ先（お見積りなど）
担当部署：ソリューション推進部
担当者：吉村 隆男
TEL：03-5796-3260　https://adsoldp.com/promotion

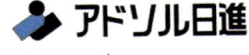

カナリアコミュニケーションズの書籍ご案内

セキュリティ商品100選
2015年度版

ブレインワークス　編著

セキュリティ対策のお助けアイテム満載！

セキュリティへの投資は年々増加傾向にあります。狙われるのは政府、大企業だけではありません。

信頼する社員からの個人情報漏洩、サイバー攻撃など日々危険と隣り合わせの状況の中、数多く存在するセキュリティ商品を選別するのは困難です。

そこで、企業のセキュリティ対策支援などを手がけるブレインワークスが2015年度にお薦めするセキュリティ商品を厳選してご紹介。

1冊は手元に置いておきたい書籍です！

2014年12月20日
価格1000円（税別）
ISBN978-4-7782-0290-3

セキュリティ対策は乾布摩擦だ！

ブレインワークス　編著

風邪をひいたからといって注射を打っていては本質は何も変わらない。

風邪をひかない強靭な体質を作り出すために、日々の乾布摩擦が大切なのだ！

会社のセキュリティ対策の成否も体質が左右する。

セキュリティ対策で悩む経営者、内部統制対策に悪戦苦闘する担当者の皆さんに捧げる、セキュリティ体質強化のポイントをわかりやすく解説した1冊。

最小の投資で最大の効果をあげるためのセキュリティ対策の秘訣は乾布摩擦にあった！

継続的な乾布摩擦で強靭なセキュリティ体質を目指せ。

2007年4月20日発刊
価格1500円（税別）
ISBN978-4-7782-0044-2

カナリアコミュニケーションズの書籍ご案内

セキュリティ・リテラシー
知らないでは済まされない
なるほど、ナットク！50のポイント

ブレインワークス　編著

インターネット、電子メール、書面データ化など、情報が手軽に扱える現代。一方、容易に外部に流出したり、簡単に消失してしまうこともしばしば。
もはやセキュリティを無視することはできません。
社員一人ひとりのセキュリティ・リテラシーが企業の命運を左右する時代。
本書ではセキュリティ・リテラシーを高めるための50のポイントを、ヒヤリとする社内の小さな事件の数々など、事例を交えてわかりやすく解説します。自分のたちの職場に照らし合わせながら、ひとつずつ読み進めてください。

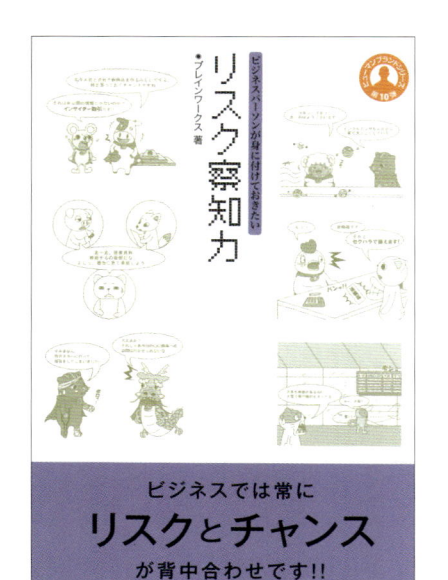

2007年6月20日発刊
価格1000円（税別）
ISBN978-4-7782-0049-7

リスク察知力
ビジネスパーソンが身に付けておきたい

ブレインワークス　編著

ビジネスでは常にリスクとチャンスが背中合わせです。
チャンスに果敢に挑みつつ、リスクを察知し最小にする。
勇敢でスマートなできる人を目指す人必見！
リスクに対応するスキル、リスク察知力を身に付ける。

2007年4月20日発刊
価格1500円（税別）
ISBN978-4-7782-0044-2

カナリアコミュニケーションズの書籍ご案内

日本一になった田舎の保険営業マン

林　直樹　著

人口わずか500人の農村でも「日本一」のワケとは？
お客様に"与えつづける"営業で世界の保険営業マン上位1％「MDRT」を3回獲得。読めば勇気がわく成功ヒストリー＆ノウハウが満載！

営業に関するさまざまな本やマニュアルが出ているが、そのほとんどは大都市で成功した人の体験談である。ビルが立ち並ぶ街での営業スタイルが前提となっている。同書では独自で実践した人口500人の農村でも日本一になれる
営業法を掘り下げて紹介。

2014年2月26日発刊
価格1400円（税別）
ISBN978-4-7782-0262-03

どろ賢経営
町の歯科医からアジアの歯科医、そして世界へ

川本　真　著

「大人になる為に子ども時代や夢がある」とある歯科医の半生記、奇跡の歯科医経営グループ年商11億、アジア展開をも睨む千葉県有数の医療集団を創り上げた川本真理事長の極意を伝える1冊。
自らの半生を振り返りながら、海星会十カ条を始めとする経営ノウハウ、医師として大切なこと、人として大切なこと、自らが現場で体感、実践、指導してきたことをあますことなく披露する。
歯科業界だけでなく、経営に携わるすべての人を成功に導く指南書。

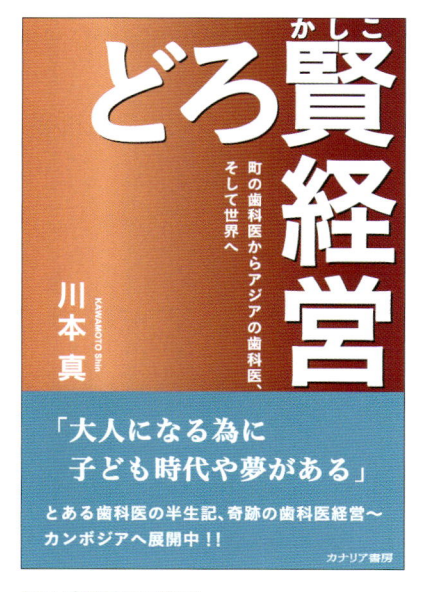

2014年3月10日発刊
価格1300円（税別）
ISBN978-4-7782-0260-6

カナリアコミュニケーションズの書籍ご案内

これだけは知っておきたい
人生に必要な法律

にへいひろし（二瓶裕史）　著

法律について「こういうことを知りたい！」と誰もが日頃から思ってるようなことが書かれている。

社会とのつながりを確かにするため、ときには不当な出来事に適切に応じるため、あるいは自分と地域、そして国との関わりや権利をつまびらかにするために、確かな道具として法律を使う必要がある。
専門知識は法律家にお任せするにしても、基礎知識としての法律を知っていれば暮らしのなかで正しい選択もたやすくなる。一般庶民の感覚で法律の必要性をやさしく学ぶことができる1冊。

2014年4月8日発刊
価格1400円（税別）
ISBN978-4-7782-0268-2

飲・食企業の的を外さない商品開発
ニーズ発掘のモノサシは環境と健康

久保　正英　著

「地味だけれど地道に愛されるお店創り」とは。
飲・食企業が生き残るために必要なのはヒット商品ではなく、外部環境に左右されない強固な経営。
そのための秘訣が満載の1冊。

2014年6月30日発刊
価格1400円（税別）
ISBN978-4-7782-0274-3

カナリアコミュニケーションズの書籍ご案内

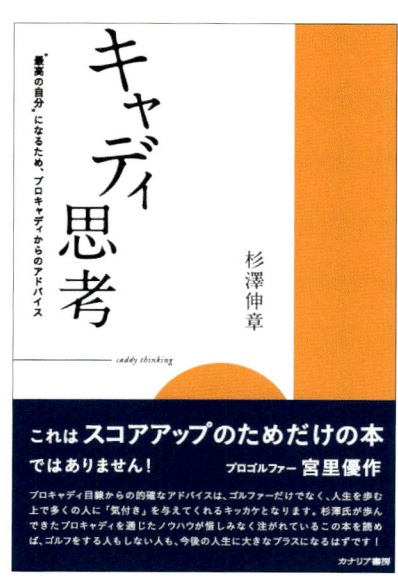

キャディ思考
"最高の自分"になるため、プロキャディからのアドバイス

杉澤　伸章　著

プロキャディという仕事のまたの名は「気づかせ屋」。
野球でいえば監督、サッカーでいえばボランチ（司令塔）。
丸山茂樹ほか多数のプロゴルファーの活躍を支えた著者が、世の中に羽ばたこうとするすべての人に向けキャディ思考でアドバイスし多くの「気づき」を与えてくれる1冊。

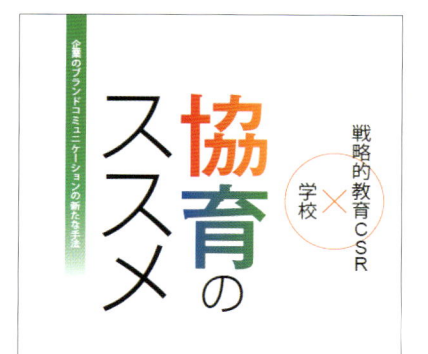

2014年8月25日発刊
価格1300円（税別）
ISBN978-4-7782-0275-0

協育のススメ
企業のブランドコミュニケーションの新たな手法

若江　眞紀　著

20年の実績を持つ教育専門コンサルタントが語る、
企業の「ブランドコミュニケーション」の新たな手法とは？
企業の教育CSR活動と教育現場の現状分析や、教育CSRを展開する企業の
詳細事例、戦略的な教育CSRをCSVへとつなげる
ノウハウが詰まった渾身の一冊！

2014年8月31日発刊
価格1400円（税別）
ISBN978-4-7782-0279-8

カナリアコミュニケーションズの書籍ご案内

勝ち抜く事業承継
時代と人材育成論

青井 宏安 著

ひとり一代で滅びる怖さを知る‼ 企業は永続してこそ尊いものである。事業承継は単に社長が交代するということだけでなく、それを機にさらなる事業の発展が遂げられないと意味を成さない。「次なる」事業承継が会社を救う！

2014年9月19日発刊
価格1500円（税別）
ISBN978-4-7782-0280-4

『ふくしゃ熱（輻射熱）』が健康家族をつくる！
健康・省エネ生活をはじめよう

下間 學 著

輻射熱の原理を応用して心地よい空間を実現！
エアコンの常識を変える「ふくしゃ（輻射）式冷暖房」を明かす！
今日からあなたの「エアコンの概念」が"根底"から変わる！

2014年10月20日発刊
価格1400円（税別）
ISBN978-4-7782-0281-1

カナリアコミュニケーションズの書籍ご案内

自他を生かす、話し方の知恵
新たな人生の扉が開く！

話し方HR研究所　著

話すことは、生きること。人に寄り添う話し方で、人生が豊かに変化する。日本最大の話し方教室が35年の経験を基に、悩めるあなたをコミュニケーションの達人へと導く！

2014年10月20日発刊
価格1300円（税別）
ISBN978-4-7782-0283-5

挑戦しよう！
定年・シニア起業

岩本　弘　著

年金破綻は必至。70歳年金時代に突入…。
シニア世代に次々と降りかかる難問の数々。あなたはどう乗り越えるのか？
経験を生かし、いま挑戦するしかない！
「シニア起業」で新しい生き方をしよう！

2015年1月20日発刊
価格1500円（税別）
ISBN978-4-7782-0291-0

カナリアコミュニケーションズの書籍ご案内

自分探しで失敗する人、自分磨きで成功する人。
最短距離で自分の「人生」を成功させるための唯一の方法

青木　忠史　著

転職40回、倒産寸前の会社を見事復活…。
挫折と苦難を乗り越えた異色のコンサルタントが人生成功のための『自分磨き』を伝授！
人生は20代にどのように考えて生きるかによって決まる。その岐路となる時期に、自分自身と向かい合い、有意義な人生、成功を実現する『自分磨き』を伝授！

2014年9月19日発刊
価格1500円（税別）
ISBN978-4-7782-0280-4

ここまで言うか『経営者の人生を守る!!』本音の話
中小零細企業のための経営危機打開学　総論

菊岡　正博　著

800件を超える中小零細企業の会社再生を手掛けた著者が、常識を覆す方法を駆使して危機を乗り切り、経営者の人生を守る方法を伝授！
危機的な経営状況に陥ろうとも、経営者の人生と生活を守り、関係する社会的弱者のために事業の継続を図る方法を紹介する。目からうろこの経営危機打開策が満載。

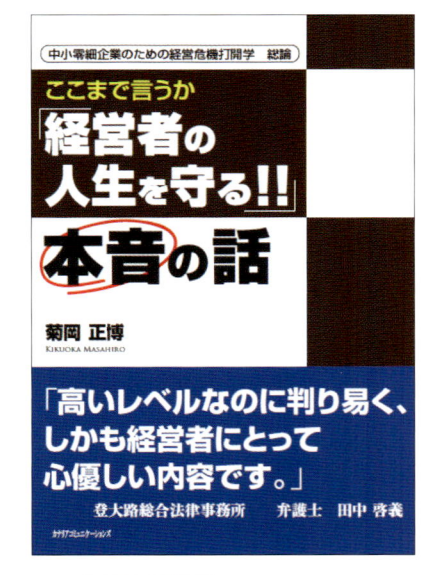

2015年2月28日発刊
価格1200円（税別）
ISBN978-4-7782-0294-1

ブレインワークス

創業以来、リスクマネジメント、情報セキュリティ、情報共有化などのサービスを軸に、数多くの国内企業や、海外進出企業に幅広い支援事業を展開している。実績も豊富で、最近では特にアジアに進出する日本企業向けサービスを強化している。また、情報セキュリティ関連のセミナーも多数開催。「人・組織・IT」の再構築で自立型企業への変革をサポートする。
著書には「セキュリティ商品100選」「セキュリティ対策は乾布摩擦だ！」「セキュリティ・リテラシー」「リスク察知力」「ISO27001でひもとく情報セキュリティマネジメントシステム」など多数。
http://www.bwg.co.jp

クラウドサービス100選 2015年度版
最新のビジネスに役立つ情報を厳選

2015年3月20日（初版第1刷発行）

著　者	ブレインワークス
発　行	佐々木　紀行
販　売	株式会社カナリアコミュニケーションズ
	〒141-0031　東京都品川区西五反田6-2-7
	ウエストサイド五反田ビル 3F
	Tel.03-5436-9701　Fax.03-3491-9699
	http://www.canaria-book.com
印刷所	石川特殊特急製本株式会社
ブックデザイン	福田啓子

©Brain Works 2015. Printed in Japan
ISBN978-4-7782-0298-9 C0063

定価はカバーに表示してあります。乱丁・落丁本がございましたらお取り替えいたします。カナリアコミュニケーションズ宛にお送りください。
本書の内容の一部あるいは全部を無断で複製複写（コピー）することは、著作権法上の例外を除き禁じられています。